U0313385

CAITU QINGSHAOBAN
ZHONGGUO KEJI TONGSHI
FANGZHI PENGREN YUEQI LIANDAN

图书在版编目（CIP）数据

彩图青少版中国科技通史. 纺织、烹饪、乐器、炼丹 / 江晓原主编. —南宁：接力出版社，2019.12
ISBN 978-7-5448-6243-1

Ⅰ.①彩… Ⅱ.①江… Ⅲ.①科学技术-技术史-中国-青少年读物
Ⅳ.①N092-49

中国版本图书馆CIP数据核字（2019）第177243号

责任编辑：陈　邕　刘佳娣　　美术编辑：许继云
责任校对：张琦锋　　责任监印：刘　冬
社长：黄　俭　总编辑：白　冰
出版发行：接力出版社　　社址：广西南宁市园湖南路9号　　邮编：530022
电话：010-65546561（发行部）　　传真：010-65545210（发行部）
http://www.jielibj.com　　E-mail: jieli@jielibook.com
经销：新华书店　　印制：北京尚唐印刷包装有限公司
开本：710毫米×1000毫米　1/16　　印张：8　　字数：120千字
版次：2019年12月第1版　　印次：2019年12月第1次印刷
印数：00 001—12 000册　　定价：39.80元
本书中的所有图片由朝阳春秋图像设计有限公司提供

目录

第一章　中国古人的穿衣与饮食

第一节　**中国：桑蚕丝绸的起源地**　/003

1. 从蚕茧到丝绸的那些独门绝技　/003

延伸阅读

衣冠上国：汉服里的中国礼仪　/011

2. 绫罗绸缎锦该如何区分　/012

3. 民间纺织怎样应用印染与刺绣　/017

知识拓展

四大名锦：美到极致的中国记忆　/020

第二节　**舌尖上的中华传统饮食**　/024

1. 华夏烹饪技术的源头在哪里　/024

2. 中华食谱是什么时候形成的　/026

延伸阅读

火锅为什么成为雅俗共享的中华美食　/029

3. 酒与茶为什么被称为国饮　/032

延伸阅读
杜康为什么成了酒的代名词 /039

中外科学技术对照大事年表（远古到 1911 年）
农学、生物学 /040

第二章 中国古代的“通天”工具

第一节 **中国古代墓葬中的星图** /045

1. 墓室里为什么会出现天象图 /045

2. 现存最古老的星图出现在哪里 /050

3. 星图仪器是怎么制作出来的 /053

第二节 **中国古代的天文仪器有哪些** /056

1. 中国最古老的天文仪器是什么 /056

2. 天文仪器划分种类的标准是什么 /058

延伸阅读
“浑天仪”名字的由来 /061

3. 水运仪象台是谁发明的 /063

4. 哪些仪器是“假天仪” /069

第三章　玉律金声：中国古代音律与曾侯乙编钟

第一节　**中国古代音律的基本知识**　/074

1. 古代音律是怎么划分的　/074

知识拓展

中国最受欢迎的古典名曲有哪些　/078

2. 音律的发展为什么离不开数学　/080

3. 千年律学难题是怎么破解的　/084

第二节　**音律与计量及历法的关系**　/085

1. 改革度量衡为什么要征寻通晓音乐的人　/085

2. 音律与季节及气候有对应关系吗　/088

第三节　**曾侯乙编钟为什么被誉为世界科技史上的奇迹**　/091

延伸阅读

千古绝响——曾侯乙编钟的三次奏响　/096

第四章　充满谜团的中国古代炼丹术

第一节　**炼丹术是怎样诞生的**　/100

1. 炼丹最重要的原料是什么　/100

2. 仙丹真能使人千年不老吗　/105

第二节　**炼丹术收获了哪些意外成果**　/ 110

中外科学技术对照大事年表（远古到 1911 年）

化学　/116

第 一 章

中国古人的穿衣与饮食

人类的农业，起源地在西亚、中南美洲和东亚。东亚的起源中心主要是中国。中国原始农业具有明显的特点：在种植业方面，中国很早就形成了北方以粟为主、南方以水稻为主的格局。西亚则以种植小麦、大麦为主。中南美洲则培植了马铃薯、倭瓜和玉米等。在畜禽养殖业方面，中国人最早饲养的家畜有狗、猪、鸡和水牛，以后增至所谓的“六畜”（马、牛、羊、猪、狗、鸡）。而西亚以饲养绵羊和山羊为主，中南美洲则饲养羊驼。中国大多数地区的原始农业都以种植业为主，家畜饲养为辅，同时又以采集狩猎作为补充。农、牧、猎“三

开花”的生存模式给人们带来了比较稳定的生活。后来，中国人又率先掌握了养蚕缫丝的技术。总之，中国农业起源早，自成体系，奠定了中华农耕文明及经济的技术基础。

中国传统农业是介于原始农业和近现代农业之间的农业生产形态，以畜力牵引和使用人工操作的金属农具为标志，生产技术建立在直观经验的积累之上。在 4000 多年前的夏朝，中原地区传统农业便已逐步形成，并一直延续到近代。中国传统农业的主要特点是因时因地制宜，精耕细作，采取良种、精耕、细管、多肥等一系列技术措施，来提升土地的利用效率和产量。在农业技术和产量上，中国传统农业曾代表了古代世界的最高水平。

◆ 这两幅图均出自清代焦秉贞的《御制耕织全图》

第一节
中国：桑蚕丝绸的起源地

纺织自古至今都与人类生活密切相关，许多常用的词语也来自其中，比如组织、经纬等。棉、毛、麻、丝是天然纤维中最为主要的四种原料。四大文明古国中，古埃及主要使用亚麻，古印度以产棉为主，古巴比伦多使用羊毛，而古代中国是丝绸的起源地。考古学资料显示，中国丝绸起源于距今 5000 多年的中国黄河和长江流域，后来传至日本、朝鲜半岛等地，从而形成如今的东亚纺织文化圈。

在以蚕丝纤维为主要原料的同时，中国古代的纺织原料也包括大量的毛类和麻类纤维。发现毛织品最多的地方是新疆地区，这里与中亚、西亚的纺织文化圈紧紧相连。在麻类纤维中，中国北方所使用的是大麻（纺织纤维大麻的简称，一年生草本植物，学名 *Cannabis sativa L.*），南方则是苎麻。

1. 从蚕茧到丝绸的那些独门绝技

蚕丝纤维是中国最有特色的纺织原料。中国人饲养以桑叶为食料的桑蚕获取蚕丝。蚕一生经过卵、幼虫、蛹、成虫 4 个形态上和生理机能上完全不同的发育阶段。卵是蚕的胚胎阶段；幼虫是蚕摄取食物营养的生长阶段，幼虫经过 4 次蜕皮后成为熟蚕（蚕在 4 次蜕皮时不进食，又称为“四眠”），开始吐丝作茧；作茧之后的蚕在茧内蜕皮变为蛹；蛹在大约 7 天之后蜕变为蛾，即成虫，这是繁殖后代的生殖阶段。蚕吐出的茧丝就可以用来生产丝绸织物。

蚕是一种非常娇弱的昆虫，因此先民们开始建立蚕室来对它们进行精心的饲养，中国的蚕桑丝绸业就是这样开始的。纺织是人民生活中的重要组成部分，古代时，凡宜蚕之地，每家每户都要种桑养蚕，并以绢做税赋。宜麻之地，则用麻布做税赋。而在流通市场上，丝绸也会被当作货币来换物。

◆ 明代绘画大师仇英的这幅《宫蚕图》（局部）生动真实地反映了当时室内养蚕的情景

◆ 右上图：清代焦秉贞《御制耕织全图》中的第七图《采桑》

◆ 右下图：清代人根据元代农学家王祯的《农书》所绘的《耕织图》中的缫丝图

由蚕茧到丝绸，第一步是将蚕茧抽出蚕丝，这个工艺称为缫丝。原始的缫丝方法是将蚕茧浸在热汤中，用手抽丝，又叫热汤缫丝。商周时期出现了简易的缫丝工具，汉代开始使用手摇缫丝车，一直到唐代为止未变。（相应的麻纺织，则以沤、绩、纺为主，形成麻线，进行织造。）

缫丝之后则是织造。到春秋战国时，纺织生产中已经出现了两种织机及织造技术：一是踏板织机，同时用于丝织和麻织；二是提花机，仅用于丝织生产。提花机与提花技术是纺织生产中最复杂的织机和技术。提花技术很像今天的计算机程序，编好程序之后，所有的动作都可以重复进行，

◆ 宋代提花织机模型

不必每次重新开始。提花技术就是将丝织品的图案转化为可以安装储存在织机上的提花信息。

为了解决储存提花信息并长期反复利用这个问题，古人摸索出两种方法：一是用综线在织机上挑织图案，演变出多综式提花机；二是保持挑花杆挑好的规律不变，而寻求某种关系，将其中的规律反复传递给经丝，这就出现了花本式提花机。

花本就是提花机的图案程序，明末清初的宋应星（1587—1666）在《天工开物》中对花本有着十分经典的解释："画师先画何等花色于纸上，结本者以丝线随画量度，算计分寸杪忽而结成之。张悬花楼之上，即织者不知成何花色，穿综带经，随其尺寸度数提起衢脚，梭过之后居然花现。"

这段话的意思是说，无论画师先将什么样的图案画在纸上，结织花的纹样的工匠都能用丝线按照画样仔细量度，精确细微地算计分寸，然后编结出织花的纹样来。织花的纹样张挂在花楼上，即便织工不知道会织出什么花样，只要穿综带经，按照织花纹样的尺寸、度数，提起纹针穿梭织造，图案也能呈现出来。线制的花本到后来就发展成贾卡提花机上的纹板，用打孔的纸版和钢针来控制织机的提花，打孔的位置不同，织出的图案也就不同。再后来，有孔的纸版又启发人们发现了电报信号的传送原理。

从元代起，棉花种植开始在各地普及，黄道婆的故事正是这一史实的反映。黄道婆（约1245—？），松江府（今上海）人。由于家庭贫苦，黄道婆十多岁时被卖为童养媳，婚后不堪家庭虐待，随黄浦江海船逃到海南岛崖州，向当地黎族人学习纺织。约1295年黄道婆回到故乡，教当地妇女棉纺织技术，并且制成一套扦、弹、纺、织工具（如搅车、椎弓、三锭脚踏纺车等），提高了纺纱效率。在织造方面，黄道婆用错纱、配色、综线、挈花等工艺技术，织制出有名的乌泥泾被。从此，松江的纺织业发达起来。

丝绸生产区域集中到江南一带。明代官营织染局大部分集中在江浙两省，而清代官营织造则完全集中在南京、苏州和杭州三地，称为江南三织造，自此形成了南方大量生产丝绸、北方宫廷大量消费丝绸，而民间则以棉纺织业为主这样的纺织格局。

清代晚期，西方先进的纺织技术对中国产生了极大的影响，不少实业界人士从西方引进新型的动力机器设备、新型的原料和工艺，并聘用西方技术人员在中国建厂，由此诞生了中国近代蚕桑丝绸业和棉纺织业，并形成了近代纺织工业体系。

◆ 促成松江纺织业发达起来的黄道婆

◆ 第 9 页图：西方人笔下的中国风情画——缫丝纺织图。丝织品的生产工艺大致包括 6 个步骤：缫丝、络丝、并丝加捻、织造、印染和整理加工

◆ 第 10 页上图：西方人笔下的中国风情画——缫丝

◆ 第 10 页下图：西方人笔下的中国风情画——丝绸印染。中国最早发明了印染技术，并在相当长时间内保持领先地位。中国古代印染采用的矿物颜料和植物颜料，印染方法主要有 5 种：浸染法、夹缬法、绞缬法、蜡缬法和介质印花

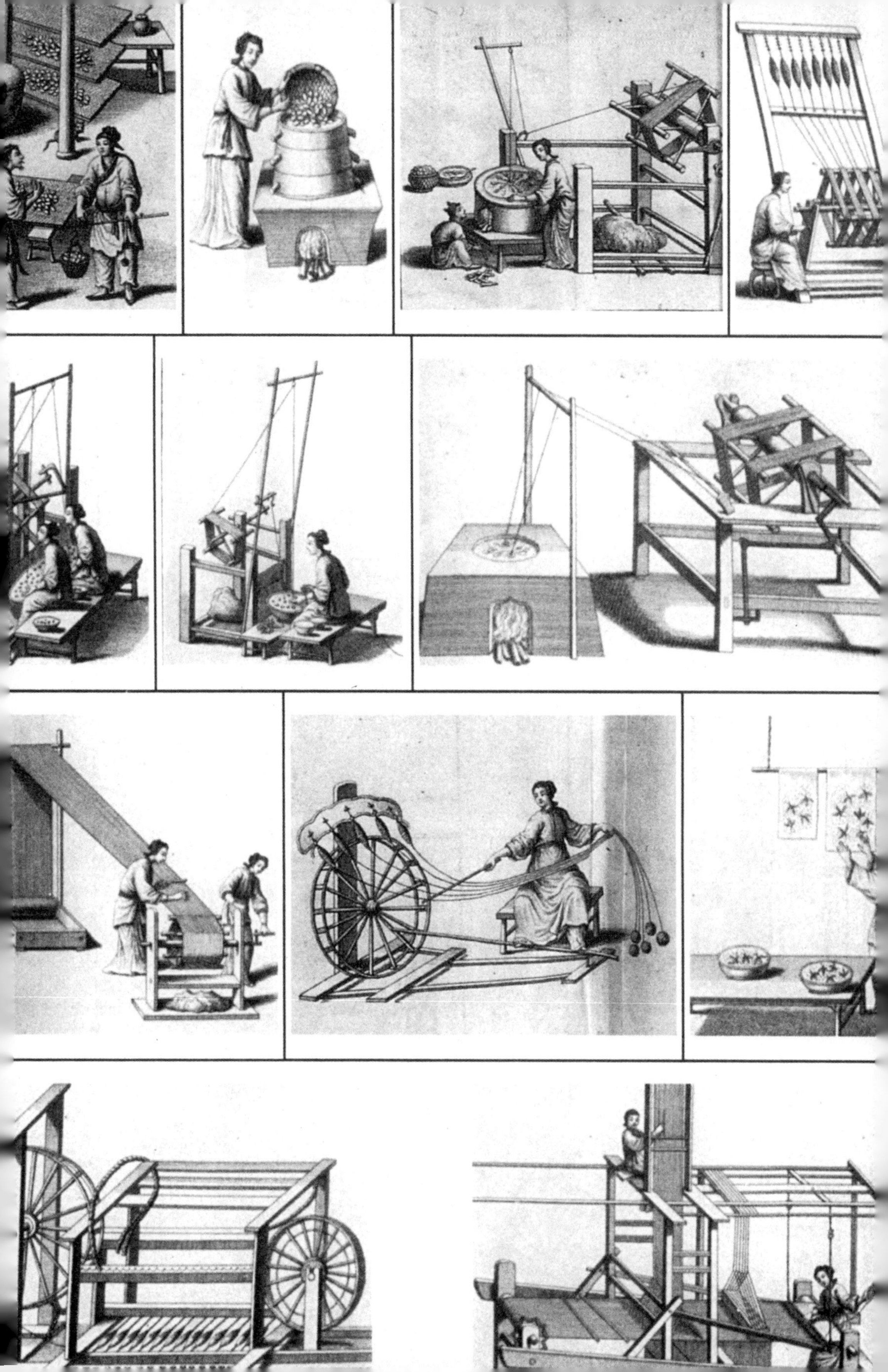

延伸阅读

衣冠上国：汉服里的中国礼仪

汉服全称为“汉民族传统服饰”，又称汉衣冠、汉装、华服，具有汉族独特的风格和特点，承载汉民族染色、刺绣等优秀工艺，是“衣冠上国，礼仪之邦”的具体体现。

汉服起源于黄帝时期，定型于周代，于汉朝形成了完整的汉服服饰体系。《周易·系辞下》提到“黄帝、尧、舜垂衣裳而天下治”，从远古时期的黄帝开始，服饰在华夏文化中，除了避寒暑、御风雨、蔽形体、遮羞耻、增美饰等实用功能外，还有知礼仪、别尊卑、正名分等特殊意义，是中国礼仪文化的重要组成部分。

《左传正义·定公十年》说“中国有礼仪之大，故称夏；有章服之美，谓之华”。

在中国的传统思想中，“礼”占据重要的地位。汉朝严格遵循周礼，礼典分为五礼八纲。五礼包括吉礼、凶礼、宾礼、军礼、嘉礼，八纲包括冠礼、婚礼、丧礼、祭礼、乡礼、射礼、朝礼、聘礼。

随着礼仪制度的完善，衣冠服制更加详备。汉服由首服、体衣、足衣、配饰组成。其中，最重要的是体衣，须采用幅宽二尺二寸的布帛剪裁而成，且分为领、襟、衽、衿、裾、袖、袂、带、韨等10部分。它的款式繁多复杂，并有礼服、常服、特种服饰之分，且不同朝代还有各自的鲜明时代风格。

◆ 西汉跪坐侍女俑，服饰体现出汉服“交领右衽、上衣下裳”的特点

2. 绫罗绸缎锦该如何区分

布帛与缭绫

丝织物的纹理也是织造技术的要点，平时我们所说的绫罗绸缎锦纱绢纨等布料名称，就是以它们的丝织组织来区分的。纺织品中最简单的组织，就是通常所说的一上一下的结构，用这种结构织出的纺织品虽然简单，却是最基本的，被称为平纹组织。纺织品中99%以上的织物采用平纹组织，大量生产的平纹棉和麻纺织品被称为“布”；而当丝绸上采用平纹时，会根据它们的丝线的粗细、经纬的密度等分成多个种类，有着不同的名称。绝大部分的丝绸织物都以绞丝旁的汉字为名，而“糸”本义就是指丝线和丝帛。

最早的平纹丝织物的名称是“帛”或“缯”，到魏晋南北朝和隋唐之际，“绢”成为普通平纹丝织物的通称。绢之中又有许多分类，未经精练的平纹织物可称为“缟”“素”“纨”和“绡”，而对于精练之后未经染色的熟绢，可叫作“练”。如果是彩色的绢，在后期直接加一个颜色名就行，但在早期几乎每一种色彩的绢都有一个单独的名称，比如纯赤色为“絑”，茜草染成的红色为“綪”，《说文解字》中此类词有30多个，后来大多数被废弃。

平纹的暗花丝织物在汉代被称为“绮”，魏晋起将类似的暗花丝织物称为“绫”，到唐代时，不仅平纹的，连斜纹的暗花丝织物也被称为绫。白居易作《缭绫》一诗，形象地描述了绫这种织物的特质：“缭绫缭绫何所似，不似罗绡与纨绮；应似天台山上月明前，四十五尺瀑布泉。……异彩奇文相隐映，转侧看花花不定。”诗句的意思是，缭绫像什么呢？不像罗绡，也不像纨绮，应该像那天台山上，明月之前，流下了45尺的瀑布清泉。奇异的色彩和纹饰相互隐映，无论从正面看，还是从侧面看，鲜艳的花色都闪烁不定。

◆ 唐代黄绿间道绫边饰，青海省博物馆藏

纱罗与锦缎

经线在织造时相互纠绞，从而形成一些稀疏的孔，这样稀疏、有孔的轻薄织物可被称为“纱罗”。其中平纹稀疏织物，以及绞经组织中的方孔织物都可称为“纱”。在有孔的绞经织物中，方孔的是纱，孔不呈方形的称为“罗”。罗类织物中，要区分一下古今差异，古代的罗类织物一直延续到明代晚期，现已失传。而今天所说的杭州传统丝绸杭罗，其实是一种带有横向或纵向纹路的绞纱织物。

除了平纹之外，还有一种缎纹丝织物，这种织物在宋元被称为“纻丝”，在明清被称为“缎”。根据产地可分为川缎、广缎、京缎等；根据用途命名为袍缎、裙缎等；还可以根据纹样命名，比如云缎、龙缎、蟒缎等；还有以工艺特征命名的素缎、暗花缎、妆花缎等。

◆ 清代红地绿莲库缎

锦是中国古代最华丽的丝织物，锦字由金与帛两字组合而成，表明了最初人们对锦的理解和解释。织彩为纹曰锦，它的工艺复杂，需要高超的织造技艺。西周开始出现的织锦是以经线显花的经锦，最著名的是湖北江陵马山楚墓中出土的舞人动物锦，采用的经线有深红、深黄、棕三色，纬线为棕色。

魏晋南北朝起，开始出现平纹纬锦。初唐时，斜纹纬锦盛行起来。纬

◆ 唐代条纹提花锦，陕西历史博物馆藏

锦按照织造细节可以分为东西两类：西方类型又称为波斯锦、粟特锦和撒搭剌锦，图案多具有明显的西域风格；东方类型的唐式纬锦，图案以花鸟题材为主，产于中原。

锦织物在坊间又有四大名锦之说，分别是宋锦、蜀锦、云锦、壮锦。宋锦在学术界被称为“宋式锦”而非“宋代锦”，产于苏州。清代康熙年间，苏州的织机坊织出了采用宋代图案及清代组织的宋式锦或称仿宋锦。

蜀锦产于四川成都，自古有名，清代由浙江人恢复。清代的蜀锦与汉唐蜀锦有很大区别，清蜀锦以浣花缎、巴缎等出名，特点是用色鲜艳、明亮，织造精致细密，质地较轻薄柔软。

云锦一般被认为与南京有关，但公允地说，云锦起源于元代，兴盛于明清，一直延续至今。事实上，云锦在历史上只是对云纹织锦的美誉，直到 20 世纪初期，才作为指向南京锦的地方性专用名词。

壮锦是中国壮族的特色手工织锦，色彩艳丽，风格粗犷，极富民族特色，在壮族民众中使用得非常多。壮锦据传起源于宋代，是广西民族文化瑰宝。

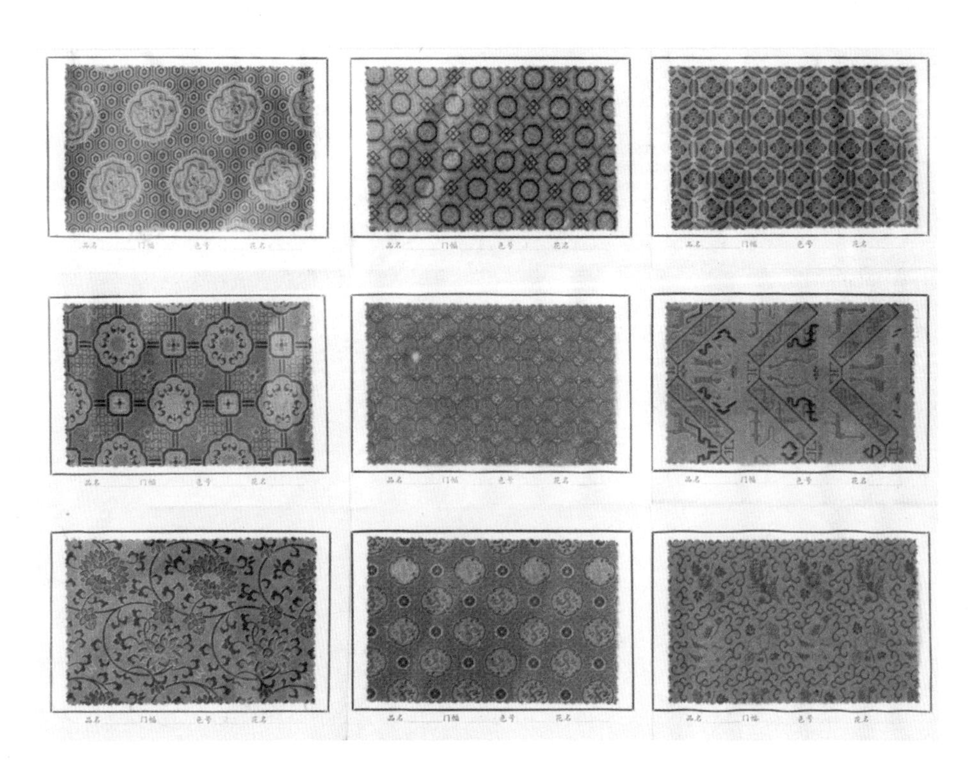

◆ 上图：宋锦样卡，江苏南通纺织博物馆藏

◆ 下图：云锦《万寿中华》，江苏南京江宁织造博物馆云锦馆藏

3. 民间纺织怎样应用印染与刺绣

中国传统的织物色染以植物染料为主。自商周到南北朝，虽有部分染料从周边区域引进，但仍以自产为主。红色染料主要是植物茜草和矿物朱砂，蓝色是用蓼蓝和菘蓝直接染色，黄色则用黄栌和栀子。唐代以后，红色染料以红花和苏木为主，蓝色染料则采用石灰发酵制备靛蓝的还原染色法，黄色染料中增加了槐花。

◆ 现代壮锦坐垫，江苏南通纺织博物馆藏

◆ 南宋高宗时期的《蚕织图》长卷，图中详尽地呈现了由种桑养蚕到织成丝绸贩卖的行业全过程

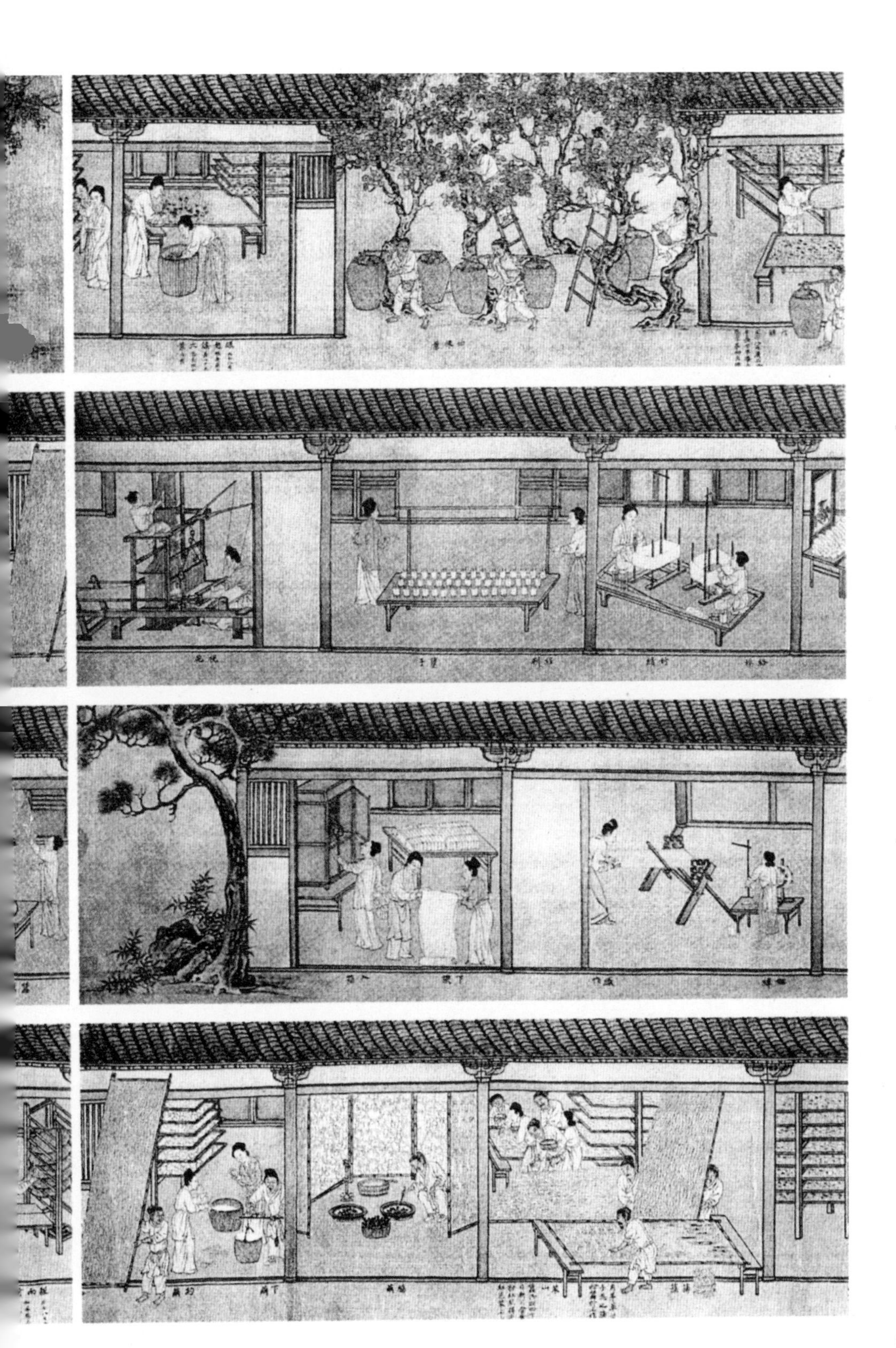

知识拓展

四大名锦：美到极致的中国记忆

◆ 蜀锦浣花锦，四川博物院工艺美术馆藏

锦起源于中国，在被称为“丝绸之国”的古代中国所有织物中，以锦工艺最为繁复，价值最高。所谓“金帛”，寸锦寸金也。在中国的悠久历史中，秀丽典雅的蜀锦、华丽精致的宋锦、妆金敷彩的云锦和浓艳粗犷的壮锦，合称为“四大名锦”。

蜀锦起源于战国时期，兴起于汉代，因它历史悠久，工艺独特，有中国四大名锦之首的美誉。汉代朝廷在成都设专管织锦的官员，成都因此被称为“锦官城”，简称“锦城”。而环绕成都的锦江，也因有众多百姓在其中洗濯蜀锦而得名。蜀锦以桑蚕丝为经纬线，纹样精美细腻，色彩艳丽，是丝绸之路的主要交易品之一。早期，蜀锦以多重经丝起花（经锦）为主；唐代以后，蜀锦品种日趋丰富，图案大多是团花、龟甲、格子、莲花、对禽、对兽、翔凤等；清代以后，蜀锦受江南织锦影响，又发展出月华锦、雨丝锦、方方锦、浣花锦等品种，其中尤以雨丝锦、月华锦最具特色。

宋锦起源于隋唐，因兴盛于宋代而得名。宋高宗为满足当时官廷服饰和书画装裱的需要，大力推广宋锦，并专门在苏州设立了宋锦织造署。明清两代，随着苏州织造业的兴旺发展，宋锦进入繁盛时期。宋锦的历史也是一部江南书画史，宋锦不仅用作名贵字画、高级书籍的封面装饰，还可用于服装面料。宋锦的制作工艺一般采用“三枚斜纹组织”，染色需用纯天然的染料，且全部采用手工染色而成。宋锦运用的彩抛换色的独特工艺，能使织物表面色线更加丰富。宋锦可以反复洗涤，这是宋锦的一个很大的优势，也决定了宋锦不菲的收藏价值。

云锦是南京生产的以锦缎为主的各种提花丝织物的总称，因它的纹样绚丽如天上的云霞而得名，被专家称为中国古代织锦工艺史上最后一座里程碑。云锦历史可追溯至宋朝，流行于明清时期。云锦主要有织金（用黄金打成箔，切成丝，捻成线织就）、库锦、库缎、妆花四大类。云锦织造工艺高超精细，织物显得雍容华贵，金碧辉煌，不仅满足了皇家对御用品的需要，受到封建君主和豪门贵族的宠爱，而且受到蒙古族、藏族等少数民族人们的喜爱。此后，元、明、清三朝都指定云锦为皇室御用贡品，直至晚清以后才流传至民间。

壮锦是最具代表性的民族手工艺品，主要产地为广西靖西市、忻城县、宾阳县等。相传，有一位叫达尼妹的壮族姑娘，看到蜘蛛网上的露珠在阳光的照耀下闪烁着异彩，从中得到启示，便用五光十色的丝线为纬，原色细纱为经，精心纺织出瑰丽的壮锦。壮锦的历史最远可追溯到汉代，到后来的宋、明时期，壮锦的颜色变得五彩斑斓，图案花纹也从简单变得繁复。传统的壮锦以棉、麻线做地经、地纬平纹交织，用粗而无接头的丝线做彩纬织入起花，再用通经断纬的织法，在织物正反面形成对称花纹，并将经线完全覆盖，增加织物厚度。它的色彩对比强烈，纹样多为菱形等几何图案，结构严谨而富于变化，具有浓艳粗犷的艺术风格，用于制作被面、褥面、背包、挂包、围裙等。壮锦图案生动，结构严谨，色彩斑斓，常见的花纹有大小“万”字，以及较复杂的双凤朝阳、凤栖牡丹、狮子滚球等，反映了壮族的民间文化、风俗、宗教信仰等。

早期织物印花以手工描绘为主，汉代开始出现了真正的印花，它的工具是青铜凸纹印花版，但仍与手绘结合，这一方法一直延续到唐宋时期。唐宋时防染印花盛行，灰浆防染、蜡染等成为主流工艺。防染印花在古代被称为“缬”（读 xié），就是今天所说的扎染。夹缬始于唐代，是指用

◆ 湖南长沙马王堆汉墓出土的刺绣

两块对称的夹版夹住织物进行防染印花，现出土的夹缬实物都是在盛唐之后。明清时期，蓝印花布快速发展，成为民间最重要的棉纺织装饰手段。

刺绣是利用彩色丝线在纺织品上绣出花鸟、景物等的工艺技术，殷商

时期的青铜器上已留有刺绣的痕迹。现存刺绣实物中最早的刺绣针法是锁针，特点是前针钩后针从而形成曲线形的针迹，长沙马王堆汉墓出土的刺绣就是很好的实例。

南北朝时佛教的兴盛使得绣佛像风行一时，绣工开始用表现效果基本一致的劈针来代替锁针。唐宋时期，刺绣艺术发展到了一个新的阶段，刺绣针法基本齐备。当时大量采用的是平针技法，常用多种颜色的丝线绣制，也被称为“彩绣”。明清之际，刺绣更为普及，各地都形成了自己独特的风格，产生了众多名绣。有以一家姓氏命名的上海露香园顾绣，更多的是以地区命名的绣种，如苏绣、粤秀、蜀绣、湘绣等。

◆ 右上图：粤绣《仿清博古四季花果屏》
右下图：湘绣《旺福》

第二节

舌尖上的中华传统饮食

1. 华夏烹饪技术的源头在哪里

如果说表示纺织的汉字多以表示丝线的绞丝旁为组成部分，那么与饮食特别是烹饪相关的汉字，则多与水、火相关。渍、烹、熬、煎、煮、蒸、烤、炸、炒，这些汉字从一定程度上已经揭示了中华美食烹饪的基本特点。

走过史前漫长的进化历程，人类祖先逐步从以渔猎、采集为主的生存模式，过渡到定居、以耕作为业的历史阶段。在华夏文明中，根据主粮原料的性质差异，南北两地原始饮食结构也顺势发展，各具特色：南方饭稻羹鱼，北方食粟餐肉。华夏烹饪技术起源于加热和沸煮。有实物考证，从浙江余姚河姆渡出土的陶罐的残留食物中，考古人员通过视觉判断和仪器分析，清晰辨认出稻米、蔬菜、河鲜与动物肉质。

◆ 浙江余姚河姆渡出土的约 7000 年前的早期水稻

古人从学会聚薪烧烤到领悟烹饪，还在几千年中分门别类，衍生出煮、炖、蒸、炮、煎、炸、炒、熘等几十种食物烹饪手法。2005 年，英国《自然》杂志报道了距今 4000 年之久的一碗粟米面条在中国黄河流域的喇家遗址出土。

先秦“治大国如烹小鲜”的理想哲学，在华夏大地流传了上千年。而同期记载的“西周八珍”与楚人的“招魂宴”，更令“吃货”们垂涎三尺。西周八珍是指淳熬（肉酱熬油拌干饭）、淳母（肉酱熬油黄米饭）、炮豚（煨炸慢炖烤乳猪）、炮牂（读 zāng）（煨炸慢炖小羊羔）、捣珍（焖煮牛、羊、鹿里脊）、渍（慢炖酒糟牛羊肉）、熬（干煮五香牛肉干）和肝膋（读 liáo）（网油煎烤狗肝脏）等 8 种中原烹调法。《楚辞·招魂》以优美的文字罗列成行的美味，显示了南方楚人的五味与口感：“室家遂宗，食多方些。稻粢穱麦，挐黄粱些。大苦醎酸，辛甘行些。肥牛之腱，臑若芳些。和酸若苦，陈吴羹些。胹鳖炮羔，有柘浆些。鹄酸臇凫，煎鸿鸧些。露鸡臛蠵，厉而不爽些。粔籹蜜饵，有餦餭些。瑶浆蜜勺，实羽觞些。挫糟冻饮，酎清凉些。华酌既陈，有琼浆些。归来反故室，敬而无妨些。”这几句翻译成白话文是这样的：家族聚会的人都已到齐，食品丰富，多种多样。有大米、小米，也有新麦，还掺杂香美的黄粱。酸、甜、咸、苦，调和适口。肥牛的蹄筋又软又香，酸苦风味调制的吴国羹汤，烧甲鱼、烤羊羔再加上新鲜的甘蔗汁。醋熘天鹅、焖野鸡、煎肥雁和油炸鸧鹤，还有卤鸡和炖龟肉汤，味道浓烈而又不伤脾胃。甜面饼和蜜米糕做点心，还加上很多麦芽糖。晶莹如玉的美酒掺和蜂蜜，斟满酒杯供人品尝。酒糟中榨出清酒再冰冻，饮来醇香可口，遍体清凉。豪华的宴席已经摆好，有酒都是玉液琼浆。归来吧，返回故居，礼敬有加，保证无妨。

汉代疆域的拓展，尤其是陆上丝路、海上丝路交流的兴旺，对于丰富饮食原料和烹饪方法，起到了推波助澜的作用。而各民族口味的融合，在此后历经千年，于唐宋时代达到高潮。

明清时代，值得一提的新饮食资源是玉米、土豆和薯类，它们的引进对人口增长与食物平衡至关重要。这批来自南美洲大陆的抗旱、抗寒的主粮，慢慢被发展成中国式主粮和副食。

《东京梦华录》中记载了宋代的餐饮行业及规模分类：糕饼店之类品种单一的快餐店；小食店经营的大排档；比前两者上一个档次的茶餐厅，是社

◆ 上图：东汉肉食加工画像石

◆ 右图：东汉献食陶俑，重庆化龙桥出土，中国国家博物馆藏

会富庶时民众的消费场所，菜单包括米饭、面点、馄饨、汤羹、冷盘、热煎，但因饮食习惯不同还分为素斋与荤店；最高档的餐厅是大酒楼，有着异常丰富的菜色，涉及食材之广泛更是令人瞠目。研究者在记录中发现大量源自中原以外的食品原料，比如橄榄、龙眼、葡萄、莴苣、胡萝卜、胡桃等。

◆ 右图：唐代饺子、点心，1972 年新疆吐鲁番出土

2. 中华食谱是什么时候形成的

早期涉及饮食的相关记载，均是以文学性、史料性和道德教化为主的

简练文字，并非文本的主流信息。汉唐的医书、药书、农书，包括道家秘籍，这些书籍基于饮食同源的认知原则，重点记录单项动物、植物，甚至矿物，突出对于人体生理作用的描述。这个阶段的重要作品有《食经》《食疗本草》《糖霜谱》等。明清之际，直接描写饮食制品的著作不断增多，通常是文人寄情山水的日常点滴记录，无法直接拿来做烹饪指导，代表作品有《随息居饮食谱》《食宪鸿秘》《饮之语》《食之语》等。

沉淀了几千年的中华烹饪技术，一直采用父子相传、师徒相授的传承模式，个体化差异巨大。这些业内特征，既催生了烹饪技术的遍地开花、流派消长，也阻碍了这项事业的升级、复制和发展。中华传统厨艺讲究天人地势，情景合一，随遇而作，顺势而为，但终究越不过文字、礼制、阶层的千年儒家的成规，与其他古代技艺的结局相仿，匍匐在庙堂之后，不具备登堂入室的升华条件和现实可能。再者，在中国人看来，口味这件事情本来就是感觉和人文的综合体验，各有所好，本不需要统一、精确和定性，这满足了华夏美食源自“调

◆《饮膳正要》为元代饮膳太医忽思慧所撰，是一部古代营养学专著

和”的古老法则。所以，后世研究者极少有机会从历史的宝库中发现食谱之类的文献。

从16世纪开始，西方文化的影响刺激了不少士大夫的思维方式，即便是流落坊间的饮食风气，也出现了观念的转变。明清之际的《随园食单》，作者所选饮食，不再局限于个人喜好和地方色彩，而是将理性判断融入感性作品。而中华食谱的雏形，当是成书于清代中叶乾隆嘉庆年间的《调鼎集》，由扬州盐商董岳荐精心编纂。《调鼎集》和《随园食单》的重合度非常高，但前者收录的菜肴及制作方案的总数是后者的好几倍。

《调鼎集》花了四分之一的篇幅，讨论作料制备和口味调和，包括酱、酱油、醋、糟油、油、盐、姜、蒜、芫荽、椒、葱、糟、姜乳、酱瓜、豆豉、腐乳、面筋、干果、调和五香丸、熏料等，秀才书生往往是不屑一顾的，而对饮食工艺研究者来说，却是再珍贵不过的一手史料了。

◆ 明末胡文焕校刊本《食物本草》书影

食物本草

食物本草目録
卷上
水類
穀類
菜類
果類
卷下
禽類
獸類
魚類

火锅为什么成为雅俗共享的中华美食

火锅是中国独创的美食，是一种以锅为器具，以热源烧锅，将水或汤烧开，来涮煮食物的烹调饮食方式，同时也可指这种烹调方式所用的锅具。它的特色为边煮边吃，或是锅本身具有保温效果，吃的时候食物仍热气腾腾，汤物合一。有关火锅的起源与发展，有着什么样的有趣故事呢？

源远流长：史料和出土文物里有关火锅的考据

火锅，古称“古董羹”，因投料入沸水时发出的咕咚声而得名。火锅在中国的历史可谓源远流长。浙江等地曾出土 5000 多年前的与陶釜配套使用的小陶灶，可以算是初级形式的火锅。商周时期，出现了一种小铜鼎，有的鼎与炉合二为一，人们称这种类型的鼎为“温鼎”，它可以说是当今火锅的鼻祖。据考证，20 世纪中叶出土的东汉文物“镬斗”，是一种高脚式的火锅，一度被视为当今中国火锅的起源。但自 2011 年以来，在江西南昌海昏侯墓发掘中火锅炉的发现，证明了西汉时期火锅已经出现。三国时代，魏文帝曹丕所提到的“五熟釜”，就是分有几格的锅，可以同时煮各种不同的食物，和现今的“鸳鸯锅”有异曲同工之妙。演变至唐朝，火锅又称为“暖锅”，唐朝白居易的《问刘十九》诗：“绿蚁新醅酒，红泥小火炉。晚来天欲雪，能饮一杯无？”惟妙惟肖地描述了当时吃火锅的情景。到宋朝，火锅在民间已很常见，南宋林洪的《山家清供》食谱中，便有他同友人吃火锅的介绍。

北京涮羊肉——北派火锅的代表

虽然古典文献有关火锅的记载层出不穷，但是火锅真正在民间流行开来，却是在清朝末期到民国初年，它的代表是北京涮羊肉。北京涮羊肉始于元代，兴起于清代，后流传至民间。

元朝时期，火锅流传到蒙古一带，用来煮牛羊肉。有一年冬天，蒙古大军突然要开拔，忽必烈饥肠辘辘，非常想吃羊肉，聪明的厨师情急之下将羊肉切成薄片，放入开水锅中烫之，并加葱花等调料，忽必烈食后赞不绝口。后来，他做了皇帝仍不忘此菜，并赐名为“涮羊肉”。从此，涮羊肉成了宫廷佳肴。清宫御膳食谱上有“野味火锅”，用料是山雉（俗称野鸡）等野味。乾隆皇帝吃火锅成瘾，他曾多次游江南，每到一地都备有火锅。相传，他于嘉庆元年正月在宫中大摆“千叟宴”，全席共上火锅1550多个，应邀品尝者达5000余人，成了历史上最大的一次火锅盛宴。

相传清朝光绪年间，北京一家羊肉馆的老掌柜买通了太监，从宫中偷出了“涮羊肉”的作料配方，才使这道美食出现在都市名菜馆中，让普通百姓享用，并一直流传到今天。

四川火锅——中华火锅的代名词

如果说北京涮羊肉是北派火锅的代表，那么四川火锅就是南派火锅中的翘楚。四川火锅以麻、辣、鲜、香著称，时至今日，它几乎成了中华火锅的代名词，声名誉满大江南北，甚至远播海外。

与北京涮羊肉起源于宫廷盛宴不同，四川火锅源自民间。相传在清代道光年间（1821—1850年），长江上游之滨的四川泸州小米滩码头，船工们停船后就在码头上生火做饭，他们在瓦罐中煮水（汤），加以各种蔬菜，再添加辣椒、花椒祛湿驱寒，船工们吃后感觉美不可言，随后一传十，十传百，这种食俗就在长江边各码头传开了。

火锅沿江而下，传至重庆后又有一番变革。当时一些“棒棒”（卖苦力的挑夫）见到这种吃法后，就跑到宰牛场捡一些被人丢掉的牛内脏，洗净切成小块，和船工们一起吃。再后来就有人干脆用一挑（两个）箩筐，

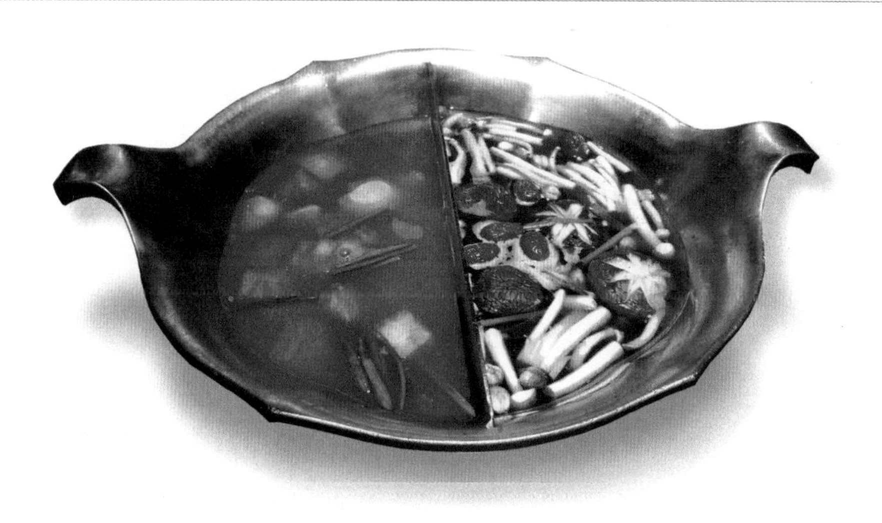

◆ 色香味俱全的四川火锅

一头放些牛杂（**以毛肚为主**）、小菜，一头放一个泥炉子，把一个分了格的大洋铁盆放在炉子上，盆内沸腾翻滚着一种又麻又辣又鲜又香的卤汁，每天在河边、桥头或走街串巷地叫卖。船工、挑夫们也不再自己生火煮了，各人认定一格，即烫即吃，既经济又方便。

四川人爱火锅，和四川的地形、气候有直接关系。四川地处盆地，冬天特别潮湿，这种湿气很难排除。火锅内的花椒温血补气，又可以祛湿，同时火锅的热量不仅可以驱走体内的寒气，而且可以预防风湿病、关节炎这类疾病，有利于身体健康。

火锅表现了中国烹饪的包容性，从原料、汤料的选用到烹调技法的配合，同中求异，异中求和，使荤与素、生与熟、麻辣与鲜甜、嫩脆与绵烂、清香与浓醇等美妙地结合在一起。吃火锅时，男女老少、亲朋好友围着热气腾腾的火锅，把臂共话，温情荡漾，营造出一种同心、同聚、同享、同乐的文化氛围，火锅也因而成为雅俗共享的中华美食。

3. 酒与茶为什么被称为国饮

酒与茶被称为国饮。中国古代先民，可能早在进入成熟农耕社会之前，就初步掌握了制作发酵饮料的技术。

在公元前 1600 年左右的甲骨卜辞、钟鼎铭文中，已出现涉及酒与祭祀的内容。这些确凿的史料表明，殷商时期的制酒技术是华夏文明启蒙中的一个历史性转折点。《周礼》记载，与制酒相关的职位是官职而非工匠。《考工记》出于《周礼》，其中记载的唯一与制酒有关的工种，是制作酒具的工匠。此外，在它所记载的 22 类代表当时高新技术的条目中，基本排除了制酒业，可见制酒在战国时期已经属于成熟技术。

◆《制酒图》，出自明代彩绘本《本草品汇精要》。浙江杭州胡庆余堂中药博物馆藏

自商周以来，有关祭祀和酒相互关联的文字记载屡见不鲜。到了汉代，中国历史中真正意义上的制酒配方出现了。《汉书·食货志》在讲述酿酒成本时，不经意留给了后世这份酿酒秘诀：“一酿用粗米二斛，曲一斛，得成酒六斛六斗。”在这条仅17个汉字的口诀中，我们可以获得以下信息：

米、曲、水是酿酒的基本原料，酒曲可以提升粗粮用途；

米和曲的配比是2∶1，菌种活性很弱；

米和水的配比大约为1∶3.3，酒精含量不高。

◆ 西汉鎏金凤鸟铜钟，出土时储存了26千克西汉美酒，翠绿清澈，香气浓郁

这份工艺化文献表明，最迟到汉代，酿酒已经成为农副产品加工的成熟领域。目前记载有关古代制酒工艺和礼仪的文献，有西汉时期氾胜之的《氾胜之书》、东汉崔寔的《四民月令》，以及南北朝时期北魏贾思勰的《齐民要术》等极少的几部农书。其中，《四民月令》是东汉大尚书叙述士、农、工、商四民从正月到十二月的民生活动，不仅包含了民间制酒工艺，同时也记载了民间酒俗。而贾思勰的《齐民要术》中，将准备酒曲的过程与神灵祭祀步骤融为一体，技术记载与人文描写相得益彰。

唐宋时中国制酒理论与技术基本稳固下来，从这个历史时期开始，有关制酒的技术记载出现了明显的转折。这些文字不仅记载在农书或者酿酒专著中，饮食类书籍也开始收集相关内容，成为后人研究酒类饮品的主要文字来源。宋代制酒业高度发展，酒类专卖成为国家一项正式收入。

早在《尚书》之中，就开始从道德层面规劝节制饮酒，但直到宋代制酒业高度发达之时，有识之士才开始逐步剖析饮酒对人体的生理伤害，有关酒特别是烈性烧酒的弊端开始见诸文字。《饮食须知》明示酒类性热，有毒；南宋宋慈著《洗冤录集》甚至收录了“酒食醉饱死”和“醉饱后筑踏内损死”两条人类历史上最早的关于醉酒的法医鉴别知识。

到了明代，宋应星的《天工开物》收录了关于九幕、神曲、丹曲的简述，内容来自前人的《酒经》。明代韩奕以古代大厨易牙为名，整理出食谱《易牙遗意》，其中记载了桃源酒、香雪酒、碧香酒、腊酒、建昌红酒、白曲、红白酒药的制法。明代袁宏道著《觞政》，总结了与酒有关的方方面面，却唯独不谈制酒之事。

清朝乾隆年间扬州童岳荐的食谱集锦《调鼎集》，收录《酒谱》一册，几乎记录了与制酒工艺和制酒成本有关的所有细节。《酒谱》的记载弥补了一般文人和作坊工匠文献在传承中的缺陷，其中有几个细节颇为与众不同：

在酒的分类上，按口味分苦、辣、酸、甜四类。

果子酒的酿制，严格说来，清代中期以前的果子酒不是酿制的，而是用果汁配制的，但由于并非是现饮现配，果汁加入酒坛后，也许促进了发酵过程。

传说中的“牺酒”，是“整坛黄酒，用黄牛屎周围厚涂，埋地窖一日，坛内即作响声，匝月（满一个月）可饮”。

听坛断酒，意思是把酒坛当西瓜，摇坛听声，从而辨别它的味道。

烧酒干粉，人在旅途，液体酒不方便携带，因此将烧酒转化成干粉，用时将粉用水冲饮。

唐朝著名诗人元稹（779—831）曾创作一首杂言诗，名为《一字至七字诗·茶》。一字至七字诗，俗称宝塔诗，在中国古诗中较为少见。原诗如下：

茶。

香叶，嫩芽。

慕诗客，爱僧家。

碾雕白玉，罗织红纱。

铫煎黄蕊色，碗转曲尘花。

夜后邀陪明月，晨前命对朝霞。

洗尽古今人不倦，将至醉后岂堪夸。

这首诗表达了三层意思：一是从茶翠绿、香清高、味甘鲜、耐冲泡的本性说到了人们对茶的喜爱；二是从茶的煎煮说到了人们的饮茶习俗；三是就茶的功用说到了茶能提神醒酒。茶叶不仅可以消暑解渴生津，而且还有助消化的作用和治病功效。

这首诗在形式上巧用汉字排列，搭造了一个金字塔形的令人耳目一新的结构。在韵律上，押的全部是险韵，一气呵成，展现了高超的驾驭文字的功力。全诗形式美，韵律美，意蕴美，在诸多的咏茶诗中堪称一绝。

公元758年，陆羽写成世界上第一部茶叶专著《茶经》，茶行业逐步建立了产品体系和技术理论。陆羽（733—804），字鸿渐，号竟陵子，复州竟陵（今湖北天门）人，唐代茶学家，被后人誉为“茶仙”，奉为“茶圣”，祀为“茶神”。

《茶经》中记载的在铁锅中低温翻炒发酵，这种器具配置与技术过程至今未变。

◆ 《刘禹锡易茶图》，清代钱慧安绘，现藏于天津杨柳青木版年画博物馆

◆ 宋代斗茶图，人们通过烹茶、饮茶、品茶和斗茶来比试茶道的高低

早期的文字中只有“荼”没有“茶”。经历了秦汉的启蒙、魏晋南北朝的萌芽、唐宋的兴盛，以及明清的普及，中国形成了独特的茶文化、茶经济与茶道。唐代之前并没有固定的制茶之法，甚至将茶树的叶子摘下来直接煮成羹汤。唐代中后期饮茶的方式是陆羽式的煎茶，但煮茶并没有被完全摒弃，特别是在游牧民族居住的地区，煮茶的习惯一直延续到现在。

宋代是历史上饮茶活动最活跃的时期，南宋都城临安，茶肆经营昼夜不绝。宋代有了正式的茶礼仪与制茶法，饮茶方式也逐渐发生了变化，新兴的点茶法成为主流。

明朝是中国茶叶与饮茶方式发生重要变革的阶段，明太祖下令改革茶制，用散茶代替饼茶进贡，饮茶方式也趋于简化，采用泡茶饮法，并延续到现在。

茶叶产自丘陵地区，不挤占粮食、棉花的种植空间，也不适合在北方大地生长。营养药理功能上，茶叶有显著的协助消化、提神解乏的功效，它所富含的维生素、单宁酸和茶碱，恰好能补充游牧民族饮食中所缺少的人体必需的养分。饮茶对北方民族是一种刚性需求，是化解牛羊肉和奶制品等的燥热、油腻及不易消化之物的关键方法。

1575 年，明朝首辅张居正以 13 岁的万历皇帝的名义下诏，中断民间边境贸易，维持茶叶官方垄断，使蒙古、女真各部陷入限制饮茶的混乱，引发三年血战。茶马交易是中原地区对北方草原、河套等养马地区的一种贸易往来。丝绸之路上运输的丝绸、棉布和瓷器，并不能从草原地区交换到足够的战马，只有茶叶可以承担交换马匹的功能。历史有时是健忘的，华夏文明的代表茶叶，如今已被西方文明广泛接纳和改良，还会有多少人知道流行于西方的柠檬茶来自元代中原，是中国输出的典型饮品？

（本章执笔：张楠博士）

◆ 浙江绍兴茶园

延伸阅读

杜康为什么成了酒的代名词

三国时期，曹操写有著名的《短歌行》，曾发出“何以解忧，唯有杜康”的感伤。那么可以解除忧愁的杜康到底指的是什么呢？它又是怎么来的呢？

按照南北朝时期梁朝萧统的《文选》的说法，杜康是黄帝手下的大臣，他舍不得把当时吃不完的粮食扔掉，就把粮食放到一个枯树洞中存放。后来，他发现树前总有动物躺在那儿，跟死了一样，原因在于这些动物舔食了从树洞的缝隙中流出的一些液体。杜康凑过去一闻，只觉一股清香扑面而来，他不禁尝了几口这“浓香水”，顿觉神清气爽。后来，杜康把“浓香水”带回家，请大家品尝，大家你一口，我一口，都说味道好。就这样，酒在民间逐渐普及开来，这便是“杜康酒”的由来，而杜康也因此获得了“酿酒始祖”“酒神”之称。

中国是世界上具有悠久酿酒历史的国家之一，早在殷商时期的甲骨文里就已经有了酒的象形字；商周时代，中国人独创酒曲复式发酵法，开始大量酿制黄酒；大约1000年前的宋代，中国人发明了蒸馏酿酒法，从此，白酒成为中国人饮用的主要酒类。

酒从诞生开始，就摆脱了纯粹具体的“物”的状态，与中国古代的政治、经济、军事、文化艺术等紧密相连，逐渐积淀升华成一种精神范畴的文化载体。讲究酒礼酒德，讲究天人合一，注重饮酒的情趣，在饮酒的同时辅之赋诗作令、猜谜等各种游戏活动，把饮酒升华为高级精神活动，使之成为中华民族传统文化宝库中一颗灿烂的明珠。

◆ 东汉酿酒画像砖，四川彭山出土

中外科学技术对照大事年表

（远古到 1911 年）

农学、生物学

中　　外

约公元前 8000 年

中东地区驯化山羊和绵羊

约公元前 6300 年

今河南省舞阳县贾湖遗址出现混合原料发酵的酒饮料

约公元前 5000 年

埃及出现亚麻编织物

1838—1839 年

施莱登和施旺创立细胞学说，提出细胞是生命的基本单位，成为现代细胞生物学的认识基础

1859 年

达尔文的《物种起源》出版

1863 年

欧文描述始祖鸟化石，证明鸟类起源于爬行动物的进化论观点

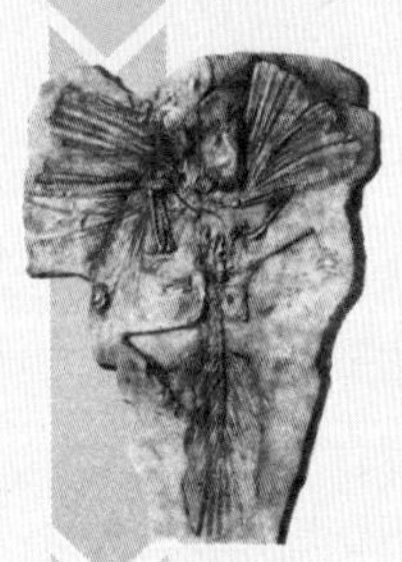

1865 年

孟德尔报告豌豆杂交实验结果，提出遗传学的分离定律和自由组合定律

1872 年

科恩的《细菌研究》出版，首次系统地对细菌进行分类，奠定细菌学基础

1880 年

实用的联合收割机在美国诞生

中国荥阳出现丝麻织物

印度出现棉织物

约公元前 3500 年

758 年

陆羽写成《茶经》

9 世纪后半叶

陆龟蒙著中国现存最早的农具类农书《耒耜经》，记述了唐末江南地区的农具，最早出现于长江下游的曲辕犁是农具史上的里程碑，标志着传统中国犁基本定型

11 世纪初

中国引进越南占城稻，此稻以耐旱、生长期短、适应性强著称

11 世纪末

秦观著《蚕书》，是中国现存最早的养蚕专著

1786 年

米克尔发明谷物脱粒机

1812 年

居维叶提出灾变论

1882 年

弗勒明的《细胞质、细胞核与细胞分裂》出版，成为日后遗传学发展的基石

1894 年

贝特森提出生物进化的非连续变异观点

1895—1898 年

瓦明和申佩尔创立植物生态学

1905 年

威尔逊和史蒂文斯分别发现性染色体与性别的关系

1909 年

加罗德出版专著《遗传代谢性疾病》，后被尊为生化遗传学之父

1910 年

摩尔根通过果蝇实验确定染色体是基因的载体，是遗传的物质基础

沃尔科特发现布尔吉斯生物群，证实寒武纪生命大爆发，使科学家认识到寒武纪时期的海洋中绝大多数生物是软体动物

第二章

中国古代的“通天”工具

北京建国门立交桥的西南角有一座始建于明代正统年间的古观象台，这是明清两代的国家观象台，现今依然安置着清朝康乾时期制造的8件大型铜质天文仪器。这8件仪器分别是康熙帝授命传教士南怀仁监造的赤道经纬仪、黄道经纬仪、地平经仪、象限仪、纪限仪、天体仪，纪里安设计制造的地平经纬仪，以及乾隆帝下令制造的仿传统浑仪的玑衡抚辰仪。观象台下则陈列了几件传统的天文仪器，如浑仪、简仪、漏壶等。

这8件仪器经历曲折，1900年八国联军入侵北京，德、法两国将8件仪器

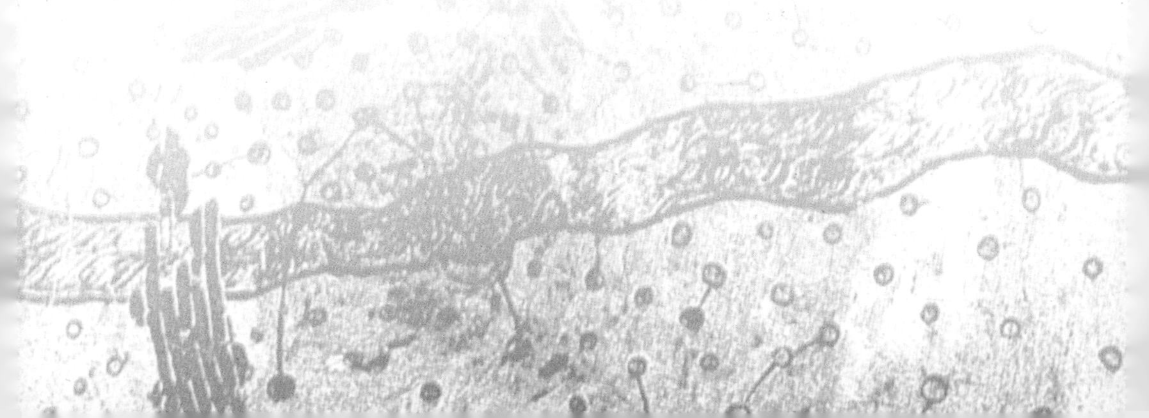

连同台下的浑仪和简仪平分，法国将仪器运至驻华大使馆，于1902年归还；德国将仪器运回欧洲展出，第一次世界大战后，根据《凡尔赛条约》的规定，于1921年归还北京。1931年"九一八"事变后，台下的浑仪、简仪等7件仪器被运往南京，现陈列于南京紫金山天文台和南京博物院。

古代中国拥有世界上最丰富的天象记录，无论是观测数据，还是数据处理，以及将观测成果形象化，都不能缺少天文仪器这类工具。因此，天文仪器的制造和使用不但是天学发展过程中的重要环节，它本身的演化就是中国古代天学的一个缩影。

◆ 上：北京古观象台天文仪器地平经纬仪

◆ 下：北京古观象台天文仪器赤道经纬仪

第一节

中国古代墓葬中的星图

1. 墓室里为什么会出现天象图

各文明中最早的可知星图，都是由墓室保存下来的。虽然这些绘制在墓室顶、墓室壁或者陪葬器物上的星象图案，仅仅是关于天空和星象的一种象征，有的甚至只是一种装饰，但这些图案反映了不同时空、文化、社会背景下的人们对于星空的认知，勾勒出了星象与天学概念在古代社会中的文化影响，并为研究古代恒星观测、中外天学交流提供了重要线索。

中国古代的墓葬星图可谓源远流长。在现有的考古成果中，如果把人们对想象的星空星象的描绘也看作星图，那么中国已知最早的墓葬星图出自距今6000余年的河南濮阳市西水坡文化遗址，其中一座古墓，还出现了用蚌壳摆放出的龙虎与北斗的图形。

湖北随州曾侯乙墓出土的一个木质漆箱，箱盖及3个侧面皆绘有星象。其中箱盖的天文图，中心为北斗七星，环带绘有二十八宿古文字宿名，东西绘有白虎青龙形象。箱盖长82.8厘米，宽47厘米，现藏于湖北省博物馆，墓葬年代为战国时期的公元前433年。

目前，已知最早的墓室壁画与天顶星图均出自汉代。1972年9月在陕西千阳发现了一座古墓，据推测，墓主所处时代应为西汉末王莽时期。墓室的东西两壁均绘制了壁画，从残留部分可知其中有天文元素。东壁壁画的前端绘制了太阳，太阳中有飞翔的金乌，太阳周围云气缭绕，且绘有4颗星体。

◆ 湖北随州曾侯乙墓出土的战国早期天象图

1987 年位于西安交通大学附属小学的西汉古墓发现了一幅关于二十八星宿的壁画。图中基本完整地绘有二十八星宿及其象征图案，环带内圆形天区还绘有日、月、祥云等升仙图像，二十八星宿环带外夹绘四象。壁画绘制在主墓室砖砌券顶之上，外圆直径南北 2.68 米，东西 2.70 米；内圆直径南北 2.20 米，东西 2.28 米。

◆ 出土于西汉古墓的关于二十八星宿的壁画

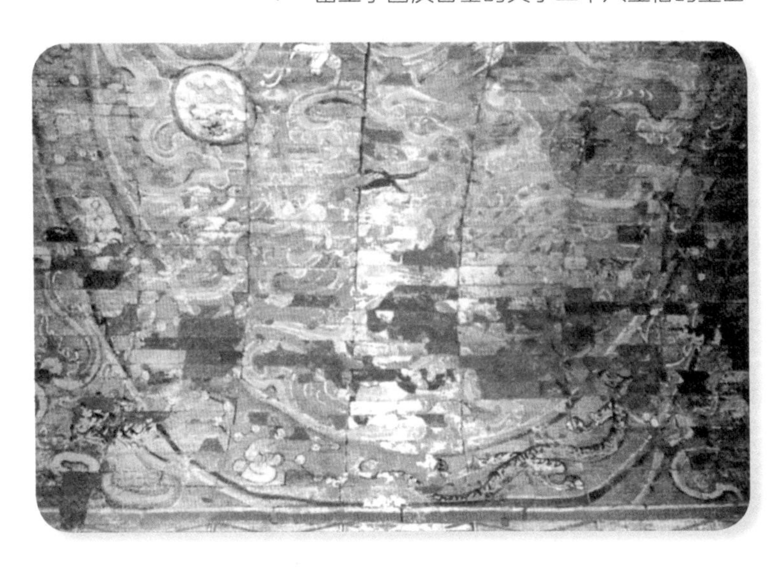

◆ 汉代木雕天象图，星图刻于棺椁顶板上，雕有日、月、星辰等

位于河南洛阳的北魏皇族元乂（读 yì）墓，四壁与穹顶以白灰涂底，绘有彩色的图案。壁画遭到破坏，但仍可依稀辨认出四象的零星残图，可知壁画内容极可能与天象有关。墓室穹顶天象图保存相对完整，呈不规则的圆形。天象图是用棕色颜料绘制，银河南北走向，贯穿正中，以蓝色颜料绘制波纹。星辰以圆圈表示，部分圆圈之间用细线连接，应该是示意这些星同属一个星官。该墓室顶天象图绘星约 400 颗，是迄今为止发现的大型墓葬星图中最早的一幅。墓主葬于北魏时期的 526 年。

◆ 北魏皇族元乂墓中的天象图

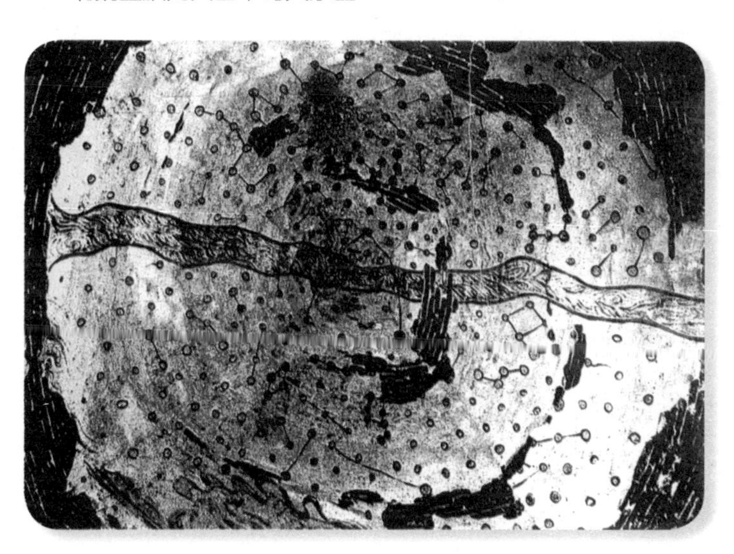

唐代墓葬天象图出土较多，但基本以象征性的意象图、升仙图为主，精美华丽，但对星象的处理非常随意，并不反映恒星间的相对位置，也不对应当时的实际星空。唐代墓室天象图的基本内容是太阳、月亮及与其相关的图案，比如金乌、玉兔、月桂、蟾蜍等，另有云彩、银河与星点。此类唐代墓葬天象图的代表有陕西出土的贞观年间的李寿石棺内侧线刻图，乾陵陪葬墓中的懿德太子李润墓、永泰公主李仙蕙墓，以及章怀太子李贤墓的穹顶画。

◆ 唐代章怀太子李贤墓中的天象图

1974 年河北张家口宣化区发现的两幅辽代彩绘墓葬星象图中，出现了黄道十二宫的图案。此次发现的辽代古墓主人，分别葬于 1116 年和 1117 年。两墓穹顶均绘有彩色星图一幅，图中心原悬有铜镜一面，铜镜四周绘制重瓣莲花，用红、白二色与墨线勾绘而成。铜镜象征天空的中心，莲花外为天空，绘有三层天象图案。内层绘有北斗七星（加一颗小辅星）、金乌展翅和分布在不同位置的8颗小星，专家考证8颗星为月亮、五大行星与罗睺、计都（罗睺：印度天文学中一个假想天体，位于黄道、白道的升交点上，被认为能遮挡日、月引起的交食。计都：印度天文学中与罗睺相对的假想天体，位于黄道、白道的降交点）二星，与象征太阳的金乌一起组成印度天文历法中的“九曜”。8颗星四蓝四红，很可能是对阴阳属性的区分。中层按照周天方位绘制了二十八星宿、共169颗星；外层则是黄道十二宫的图形，排列基本均匀，各宫图形与相应的西方星座名称是对应的，部分图案也显示出了一定的中原化特征。虽然在之前的唐代吐鲁番墓

◆ 辽代星象图，绘有北斗七星，太阳、月亮等“九曜”，二十八星宿，以及黄道十二宫图案

葬发现的星占图残片，已经反映了黄道十二宫的部分信息，宣化辽代星象图的发现，无疑证实了中外天文学碰撞的影响。

2. 现存最古老的星图出现在哪里

星图是恒星观测成果的最直接反映。通常认为盖图是中国最早的星图，三国时数学家赵爽给《周髀算经》写了一段注文，对其中的“七衡

◆ 内蒙古呼和浩特慈灯寺的蒙古文天文图拓片

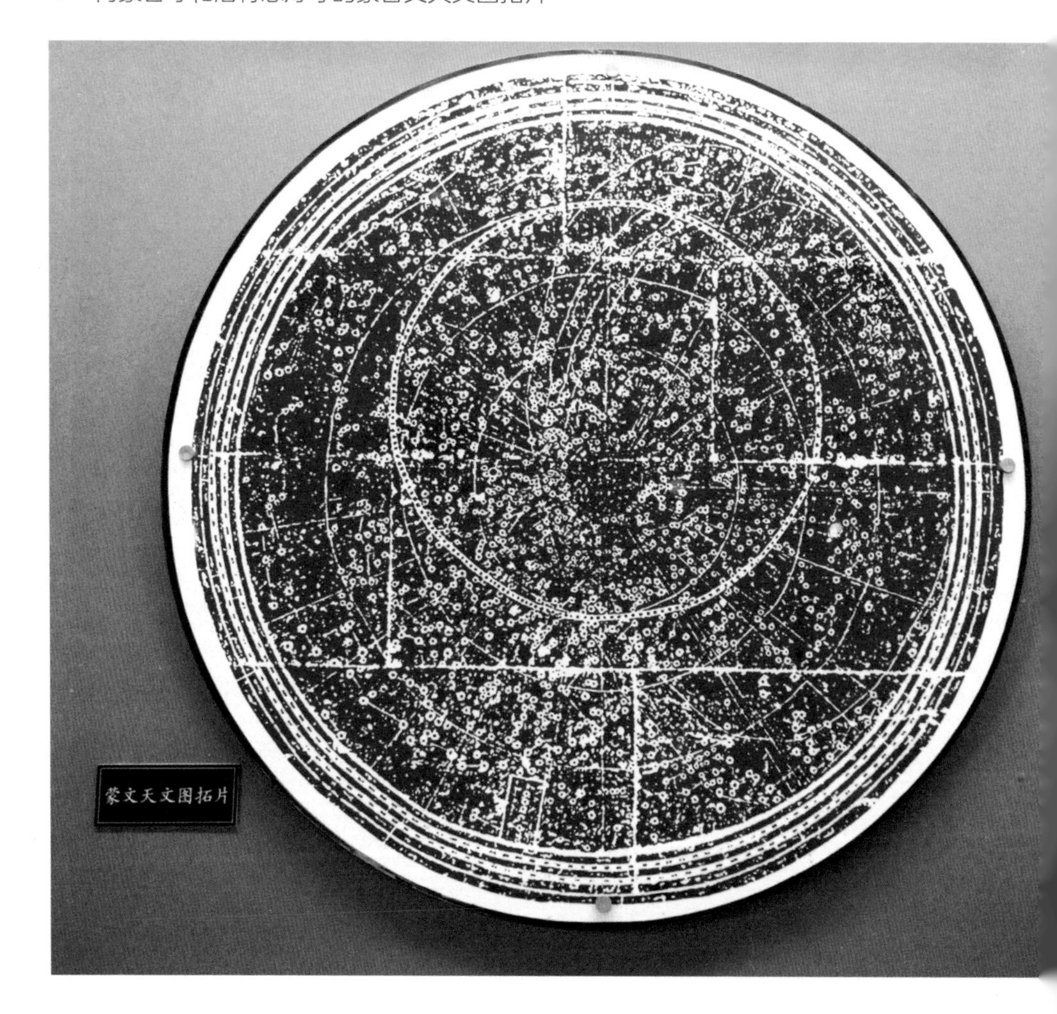

六间图”进行了叙述。《周髀算经》中的七衡六间图分黄图画和青图画两个部分，黄图画上绘有黄道二十八宿和日、月、五星的运行轨道，而青图画上并没有星象图案。“黄图画”实际上就是一幅星图，出现时间可以追溯到西汉之前。以北天极为中心绘制的全天星图应用较多，这种专业星图的使用一直延续到明清时期，不同之处在于恒星数目的增加与位置的日益精确。

中国古代盖图式的星图绘制并不考虑投影关系，因为盖图是以北天极为中心的圆形星图，用来反映天赤道以北的恒星分布，与实际情况还比较相符。但对天赤道以南的恒星来说，离北天极越远的恒星轨迹圈在图上反而越大，这与实际情况相去甚远。古人很早就发现了盖图的这一缺陷，并找到了解决方法，就是将圆形图改变为长卷式的横图。

最晚在隋代就出现了天文横图，这类星图将赤道附近的星官画成以赤道为对称轴的长方形星图。但因为对于接近南北两极的恒星来说，若用横图表示变形反而更大，所以更好的方式是用横图绘制赤道附近的恒星，用圆形盖图表示北天极周围的恒星（通常是紫微垣的恒星），这就是圆横合一的星图绘制方式。这种古星图的代表是敦煌卷中所发现的《敦煌星图甲本》，这是世界上现存的最古老的星图。

宋代苏颂《新仪象法要》中为制造浑象而绘制了 5 张星图，分别是表示拱极星区的“浑象紫微垣星之图”，天赤道南北区域的“浑象东、北方中外官星图”，“浑象西、南方中外官星图”，各自包括十四宿的范围，这可以说是一组圆横合一的全天星图；还有一组“浑象北极图”与“浑象南极图”，分别以北天极和南天极为中心，以天赤道为外框，将这两半天球画为星图，南天极星图恒隐圈内做空白处理。

在刊本星图之外，圆形盖图仍然是中国古代最流行的石刻星图形式，宋元明清时期皆有相应的石刻盖图被发现。其中最著名的是南宋苏州石刻星图，刻于 1247 年，共刻恒星 1400 余颗。其他石刻盖图还有明代正德年

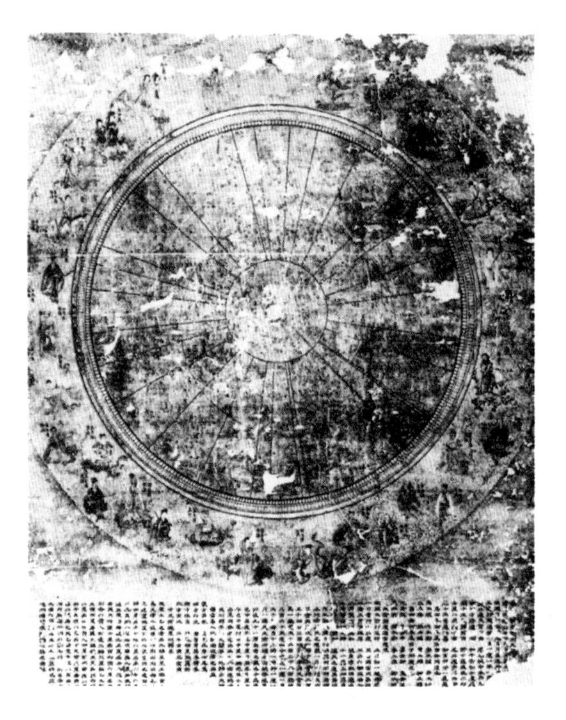

◆ 明代福建莆田涵江天后宫星图，绘有九曜、二十八星宿及 1400 余颗星

间的常州石刻星图，以及明代福建莆田涵江天后宫星图和明代北京隆福寺藻井星图等。

明代末期，西方星图知识与制图法传入中国，星图绘制吸收了一些西法内容，《崇祯历书》中的星图就反映了这一时代特征，如采用360度的圆周划分，加入了星等系统，在赤纬方向加入坐标标度，引入比较严格的投影关系进行作图等。

清代星图绘制更加频繁，范围扩大到民间个人，种类丰富，数量庞大，以写本形式流传于世。其中清代著名学者李锐的几名学生李兆洛、六严等数人绘制的一套对应于道光十四年（1834 年）的“恒星赤道经纬度图”，包括总图、赤道南北星图和以十二宫划分的赤道南北分区星图共 29 幅，该套星图采用了坐标网格的模式进行制图。后来六严又根据《仪象考成续编》中的数据重新归算，绘制了新的“赤道恒星经纬图”，共 47 幅，3239 颗星，并于咸丰元年（1851 年）公开刊行。

清代女天文学家江蕙别出心裁，绘制了一套扇面中星图，名为《心香阁考订中星图》，又名《二十四节气中星图》。各中星图扇面上的星象用工笔点绘，星官内各成员星用细线相连，图形清晰，秀美雅致，是清代众多民间星图中的精品。

3. 星图仪器是怎么制作出来的

在星图的使用过程中，如果将它与其他部件组合在一起，就构成了一组简单的星图式仪器，类似于活动星盘。上文提到了《周髀算经》盖天说中的“七衡六间图”，黄图画是星图，如果与青图画组合使用，就是一种简单的图仪。黄图画上列二十八星宿、日月星躔（读 chán）。使用七衡六间图时，青图画在上不动，黄图画在下可转，转轴为两图之极。同时青图画透明，二图重叠，旋转黄图画，就可在青图画中看出一年四季的天象和昼夜长短的变化。

1977 年，考古学家对安徽阜阳双古堆西汉汝阴侯墓进行了发掘，出土了三件比较罕见的栻盘与栻盘架。每件栻盘均由上下两盘组成，一件上下皆圆盘，另两件上圆下方。当时的考古专家将三件栻盘分别命名为二十八宿星盘、六壬栻盘及太乙九宫占盘。

◆ 新疆龟兹石窟群的克孜尔尕哈石窟第 11 窟天象图

◆ 安徽阜阳双古堆西汉汝阴侯墓出土的西汉“二十八宿星盘”复制件

“二十八宿星盘”分上下两盘，盘心各有一个小洞可相通。上盘过圆心绘有十字交叉线及6颗圆点，与盘心孔正好组成北斗七星，盘周有等距小孔365个；下盘刻有二十八宿的宿名及其距度，盘中心有十字线，其中一根两端指向斗、井二宿，另一根指向奎、轸二宿。

“二十八宿星盘”的出土是考古学上的新发现，引起了众多考古学者、天文学家、天文学史专家的关注。学者们推测此圆盘或为“古璇玑玉衡”，或西汉早期的“圆仪”。该圆盘究竟是浑天说仪器，还是盖天说的地平系统仪器，目前并无定论。但从某种意义上说，该二十八宿星盘确实与“七衡六间图”有着异曲同工之意：二者都是同心双图（盘）组合，其中一图（盘）标示出环带二十八宿，并以它的距度作为参照系统。在占验、对照实际天体的运行这个可能功能之外，本身就具有一定的作为“图”的演示的作用。

还有一些以“盖图或星图”为基础的天文仪器记载，因使用了“盖图”而被称为“盖天仪”或“盖天图仪”。郦道元在《水经注》中记载，北魏时期在平城（今山西大同）南郊建立了一座明堂，上圆下方，那么这座建筑至少有一个圆顶，至于这个圆顶是平圆还是穹形，现在不得而知，圆顶上绘制了北天区星宿的盖天图。又说室外有机轮可运转，“每月随斗建之辰，转应天道”，意思是每月随北斗星的斗柄所指方向的不同，即表示的月份不同，转动机轮，使机轮上画的星宿符合天象的变化。从郦道元的文字上看，北魏明堂的天顶是可以自动旋转的，但具体形式我们并不清楚。

另外一个事例是梁武帝于公元527年在建康（今江苏南京）建同泰寺，设有璇玑殿，“殿外积石种树为山，有盖天仪，激水随滴而转”。仅从简短的文字中看，梁武帝时的盖天仪是一座类似于亭子的自动运转仪器，亭盖内应绘有星图。与北魏明堂相仿，都是仰视观看。

◆ 蒙古文天文图石刻，现存于内蒙古呼和浩特慈灯寺金刚座舍利宝塔后面影壁上

第二节

中国古代的天文仪器有哪些

1. 中国最古老的天文仪器是什么

中国古代天文仪器，可以分为四个类别：测量仪器，主要是测角，如赤道仪、浑仪、简仪等；计时仪器，如圭表、日晷，漏刻等；演示仪器，浑象、盖天仪等；综合天文仪器，集多种功能于一体，比如漏水转浑天仪、水运仪象台等。

◆ 江苏南京紫金山天文台简仪

“表”是中国最古老的天文仪器，据考证，在公元前15世纪末，周人已能立表定向。表又有“臬”“竿”“髀”“碑”等名称，其实就是一根直立在地上的杆子，通过“立竿见影”来测定方向、节气、时刻和地域。比如通过测量正午时表影的长度就可以确定节气和时刻，从而推算回归年的长度，这也是古代历法的基础。“圭”是用来测量影子长短的尺子，与表组合在一起就成为圭表，一般认为出现于春秋战国时期。汉代之后，各种形式的圭表成为历代官方灵台上的重要仪器，提高它的测量精度也成为历代天文学家的工作内容。

◆ 江苏南京紫金山天文台圭表，圭表是最古老的天文仪器

如果说中国传统天文仪器萌芽于先秦，那么到两汉时，随着浑天说体系的确立，天文仪器在制造和使用上出现了第一次飞跃。“浑象”“浑仪”“浑天仪”之名均确立于汉代，特别是张衡创制的漏水转浑天仪，更是开古代水运仪象之先河。自此，浑仪、浑象、水运浑天仪、漏刻和圭表，构成了中国传统天文仪器的基础体系。这个基础体系经过魏晋至隋唐时期的延续、改良和发展，终于成就了宋元天文仪器创造和制作的鼎盛时代。明代，确切地说是明代中期之后，传统仪器发展日渐停滞，欧洲古典天文仪器随着传教士一道传入了中国，自此开启了中国天文仪器之近代转型。

2. 天文仪器划分种类的标准是什么

通常认为中国古代仪器中的“浑仪”是浑天学说的测量仪器，具有多环圈结构；而“浑象”是浑天学说的演示仪器，是一个封闭的圆球，类似于现代的天球仪。然而你阅读相关史料文献的时候，就不难发现：测量仪器可能被叫作“浑仪”或“浑天仪”，演示仪器可能被叫作“浑象”或“浑天图”，也可能被叫作“浑仪”和“浑天仪”。于是就有人表示，古代浑象和浑仪的名称是长期混用的，浑天仪就是浑象和浑仪的通称。或者举出沈括记录在《梦溪笔谈》中举人应试皆“杂用仪象”一事，以及《隋书》中李淳风评价何承天“莫辨仪象”之事，来说明古代人对“浑仪”和“浑象”的混淆。

然而如果仔细分辨，古代记录中对于仪象的混用，其实仅在表面，也就是仅在名称上。即便是将演示仪器称作浑仪这样的案例，也有着它自身特殊的逻辑线索，并非真正的“错认”。究其原因，其实是对天文仪器，确切地说是演示仪器，也就是浑象定义的不统一所导致的命名偏差。

首先，浑仪是测量仪器，具有环形结构这件事情，是没有人会搞错的。这就奠定了一个认知推论——环形的装置就是浑仪。到了浑象这里，认知偏差就开始出现了。按照字面意思，浑象是浑天之象，也就是浑天的模型，浑天是什么样子的呢？是一个天球，那浑天之象也就是一个圆球，所以球形的就是浑象。很清楚的定义和区分是不是？然后问题就来了。历史上人们制作了一批不是球形（环形），也不能用于观测的演示仪器，你叫它浑象呢，它不是天球，是环仪；你叫它浑仪呢，它又不能观测。那怎么处理呢？只能是“随便叫”。看中仪器的演示功能，就叫“浑象”；看中仪器

◆ 浑仪模型，它是中国古代官方天文机构配备的重要仪器

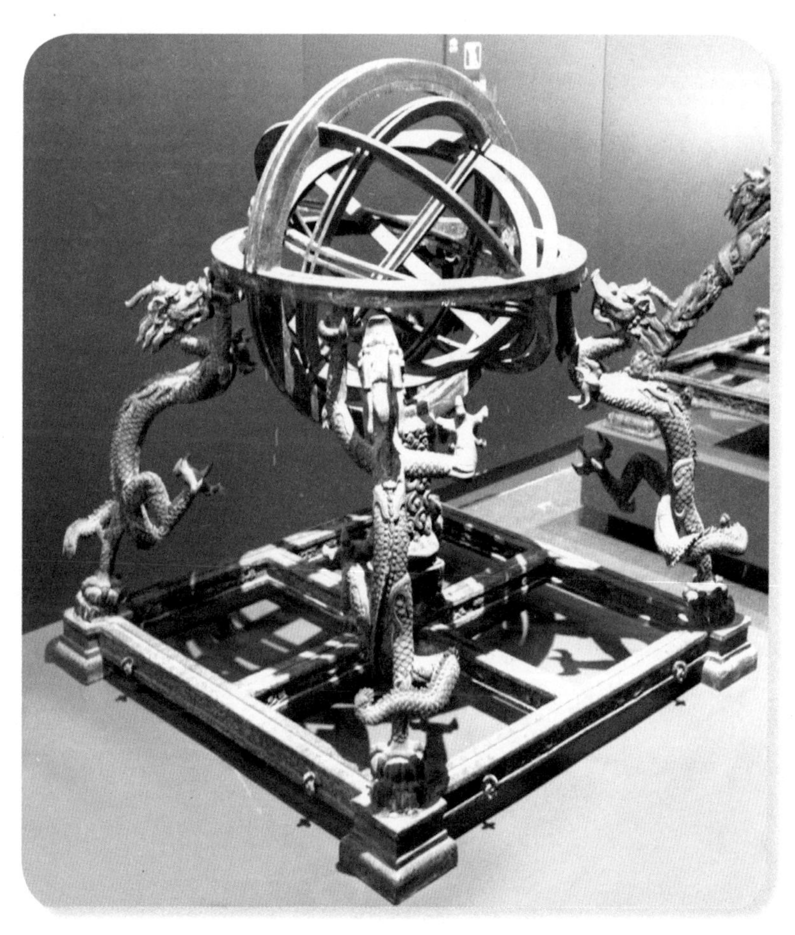

的环形结构，就叫“浑仪”；实在不知道怎么命名，就叫浑天仪（李约瑟就此提出了“演示用浑仪”的概念。但考究中国天文仪器的传统，称它为“环形浑象”似乎更为清晰。更重要的是，对“浑象”的定义进行修正，用“浑天说的演示仪器”来代替“天球演示仪器”，在一定程度上避免了当代人的误解）。

从表面上看，这就产生了某些混乱，那么“随便叫”这种事情真的发生了吗？其实不然。通观历代有具体结构记载的天文仪器可以发现：观测浑仪是绝对不会叫作“象”的；而如果一架天文仪器被取名“仪”，无论它的功能是什么，结构都不会是封闭天球。所以说文献中的名称混乱只是一种表面现象，只不过是写作之人根据自己对仪象的辨别和定义进行的不同叙述而已。

◆ 利玛窦带入中国的“地心环形天球仪”

此外，演示仪器的命名问题只发生在宋代及宋代之前，宋代之后不再有传统环状演示仪器的制造记载，所制演示仪器均为天球仪（元代玲珑仪另行讨论）。这一情况随着传教士利玛窦将欧洲传统的“地心环形天球仪”传入中国而有所反复。

利玛窦将一种翻译为“天地仪”或“天地球”的欧洲演示仪器传入中国。这种演示仪器是多圈环形，中心装置是地球模型，利玛窦绘制世界地图

“浑天仪”名字的由来

“浑天仪”一词始于东汉张衡的“漏水转浑天仪”。《现代汉语词典》对“浑天仪”的解释如下：

浑天仪：1. 浑仪；2. 浑象。

浑象：我国古代表示天象运转的仪器，相当于现代的天球仪。也叫浑天仪。

浑仪：我国古代测量天体位置的仪器，也叫浑天仪。

《中国大百科全书·天文卷》的释义更为详细，现把定义部分摘引于下：

浑仪和浑象：**浑仪是由许多同心圆环组成的一种仪器，总起来看好像包在一个圆球里。浑象则是一个真正的圆球。浑仪和浑象又是反映浑天说的仪器，因而在早期常常统称为浑天仪。**

漏水转浑天仪：**东汉科学家张衡创制的一件天文仪器，简称浑天仪，是一种水运浑象。**

正是如此释义，使得“浑天仪”一词对于公众来说一直具有“历久弥新”般的新鲜感觉。古代人是不是会把演示仪器和观测仪器都叫作浑天仪呢？答案是肯定的。是不是所有浑象和浑仪都可以称作浑天仪呢？并不是的。那什么样的天文仪器能被称为“浑天仪”呢？

具有漏水转系统的张衡制式的水运天文仪器，有可能被称为“浑天仪”，比如“开元水运铜浑”。苏颂在《新仪象法要》中将浑天仪与浑仪、浑象并列为古代三种天文仪器，又称自己所制造的水运仪象台是一种“浑天仪象”。所以“浑天仪”的第一个定义是：具有水运系统的自动运转的浑天仪器，以张衡的漏水转浑天仪为代表。

古人对于“浑天仪”还有两条明确的说明：第一，浑天仪是古璇玑玉衡；第二，浑天仪是六合、三辰、四游之法的浑仪。这两种说法其实是以“水运仪象台”为分界的。综合来说，在水运仪象台制造出来之前，张衡的漏水转仪器就是浑天仪的基本模式；苏颂的水运仪象台在张衡浑天仪的模式之上加入了天球仪的浑象；而水运仪象台之后，水运之法失传，集六合仪、三辰仪、四游仪于一体的复杂浑仪被称为“浑天仪”。而不具备水运系统的浑象和非六合、三辰、四游结构的浑仪，是不会叫作浑天仪的。所以，将浑天仪笼统定义为浑仪和浑象的统称，并不合适。

其实最为清晰的做法是，狭义地将浑天仪定义为它最初的意义，即水运浑天天文仪器；其余的浑仪是浑仪，浑象是浑象，就不会再混淆了。当然，这里还有一个前提，即修正对“浑象”是一个圆球的固有认知。

的时候将图示和文字介绍同时附上，称它为“天地仪”。之后《乾坤体仪》和《浑盖通宪图说》均将此“天地仪”收录其中，入乡随俗，称之为“浑天象”，表明这是一种演示仪器。然而有趣的是，中国本土知识分子在介绍这种仪器时，则又将其改为“浑天仪”之名，可见“浑象”就是球形的这一认知影响之深。

需要说明的是，利玛窦带入的“地心环形天球仪”，是一种典型的欧洲托勒密体系的可演示天地结构的天文仪器，像装饰品一样流行于13—17世纪的欧洲。这与中国汉唐时期制造的环形演示仪器并不能混为一谈，只提一点，浑天说的支持者并不承认大地是球形的，并且认为天地的尺度相差无几。

3. 水运仪象台是谁发明的

历史记载中具有明显结构特征的古代天文仪象，可以分为观测仪器浑仪、演示仪器浑象，以及具有复合功能的水运天文装置，也就是浑仪、浑象与水运仪象（水运仪象通常会被划分到演示仪器的行列）。

浑仪

浑仪出现的时间目前并不能确定，只能说不会早于浑天说的建立，也不会晚于张衡，当然，在浑仪之前，必定存在某种天文测角仪器。最早的浑仪结构，史书也没有相关记载，有详细结构的传世浑仪是东晋时期323年制作的孔挺浑仪。孔挺浑仪的环圈有两层结构，外层包括一个子午双环、一个地平单环、一个赤道单环；内层是一个可绕极轴转动的赤经双环（四游双环），环里装有窥管，可以在环面内绕环心转动。窥管在四游环上指示的是去极度，四游环在赤道环上指示的是赤经度，这就是“古制浑仪”。

古浑仪是没有黄道环的，但观测者早就发现，太阳、月亮和五大行星的视运动轨迹是沿着黄道进行的，所以东汉贾逵制造了一架“太史黄道铜仪”。但因为黄道在天球上没有明显的标志，位置也在时刻变化，将黄道系统装置在浑仪之上又要做到能转动，这个问题在早期是无法解决的。即便是单独使用黄道仪，对准实际黄道操作起来也比较困难，因此黄道铜仪在当时作为观测仪器并不实用。孔挺式的浑仪一直被沿用到唐代，其间北魏晁崇和斛兰造了一座孔挺式的铁浑仪，但在仪器下部装置了“十字水平”，可保持仪器在水平方向上的稳定性。

唐代李淳风解决了黄道难以测准的问题，创造了采用六合仪、三辰仪和四游仪组合的三层结构的新式浑仪。其中最具创新意义的是三辰仪的设计，位于浑仪的中间层，由赤道环、黄道环、白道环与赤经环组成，可以绕极轴转动。三辰仪中的赤道环标有二十八宿的位置，观测时只要将它与天空中的二十八宿对准，则黄道环就自然与实际的黄道对准了，有效地解决了之前黄道铜仪的取准问题。李淳风的浑仪确立了中国浑仪三重结构的形制，但它的结构和操作都非常复杂，导致该浑仪闲置并丢失。（丢失这件事情实在让人费解。）

再一次制造新浑仪是开元九年（721 年），僧一行和梁令瓒制“太史黄道游仪”，虽然具有和李淳风所制的浑仪一样的三重结构，但有明显的改进。用卯酉环代替原来六合仪中的赤道环，并在三辰仪中的赤道环上每度打一个孔，模仿古人所理解的岁差现象，使黄道环可以沿着赤道环退行。北宋共制造了四座大型浑仪，分别是韩显符浑仪（至道浑仪）、皇祐浑仪、熙宁浑仪（沈括制造）、元祐浑仪（水运仪象台中的浑仪），基本保持了三重结构，也进行了一些改进。

元代郭守敬所制天文仪器中，没有关于传统浑仪的内容，而以简仪代之。明代时仿制了一批前代仪器，浑仪采用了宋代制法。清代后期，传统天文仪器受到了欧洲仪器的影响，有记载的大型天文仪器制造就是本章开头介绍过的古观象台的 8 件仪器的制造。

浑象

天球式浑象的主体是一个天球，可以绕固定轴转动，与天体的周日的视运动相对应。天球上设有黄道、赤道、恒显圈、恒隐圈，二十八宿中外星官，或者还外置日、月、五星（七曜）。正如前文所说，根据大地的表示方式，浑象可以分为两种：一种是与天球仪类似的球形浑象（实球）；一种是“地在天中”装置有大地模型的环圈仪器（虚球）。

最早有结构记载的是张衡制造的“水运浑象”，目前认为该浑象是一个封闭球体。关于张衡漏水转浑天仪是环仪还是球仪的问题，虽然目前学界普遍认为这是一个圆球，但实际上并没有文献确切说明，现有观点只是推论。之后的记载是东吴葛衡的“作浑天，使地居于中，以机动之”，这是最早的关于环形浑象的明确记载。之后关于演示仪器的记载是南朝宋文帝元嘉年间，太史令钱乐之所制浑仪与小浑天，均为地在天中的环形浑象，且前者具有水运系统。再之后记载的是梁代陶弘景制造的地在天中的浑天象；隋代耿询的“创意造浑天仪”“以水转之”，并不能确认该浑天仪是环状还是球状；唐宋两代所制造的同样为复合型水运仪器。

◆ 浑象（模型），仪体分三层：外层为六合仪，中层为三辰仪，里层为四游仪

因此，如果提及像现代天球仪一样的天球浑象，它在中国最早的描述均在《隋书·天文志》之中，也就是唐人的叙述，很有可能是李淳风个人的叙述。《隋书·天文志》中先是引用三国王蕃的观点，给出了地在天外的天球浑象的定义；接着介绍了梁末秘府藏有一架木制浑象，形制类似于现代的天球仪。然而宋代苏颂根据《隋书》这一记载制造天球浑象之前，没有任何官方制造圆球浑象的记录。包括张衡的水运浑象，它的圆球结构也似乎是一种默认，并没有确切的史料说明。而有说明的演示仪器，均为“地在天中”的环形浑象。

这说明，除去张衡的水运浑象，中国在汉唐时期的演示仪器的制造传统，是水运环形结构。唐代制造的“水运浑天俯视图”的天球结构可能是圆球（学界目前认为它是圆球），宋代水运仪象台中的浑象才是中国最早的有明确记载的天球浑象，但也附属于水运系统之中，并非独立的“天球仪”。这样看来，至少直到宋代，中国官方天文机构中也没有出现定义中像现代天球仪一样的“浑象”。而最早有制造记录的独立天球仪，是元代的郭守敬浑象，以及同时代西域仪象中的“浑天图”。

明清时西方天球仪的传入，固化了浑象就是圆球这一认知，哪怕汤若望在《浑天仪说》中明确表示天球演示仪器有实球和虚球之分，也没能产生应有的影响。当然，那个时候，中国传统天文仪器早就走到落幕之时，轰轰烈烈的近代知识转型已然在进行之中了。

水运仪象

水运仪象可能是最具有中国古代传统特色的天文仪器。张衡创造了带有黄道系统的浑象，贾逵制造了“太史黄道铜仪”之后，因为难以对准黄道，实操性较低，并没有投入使用。水运浑象虽不能在直接观测中发挥作用，但可以采用结合漏刻的方式，模拟浑天的运转，从而与灵台的直接观测者进行对照，合作完成占候和验历的工作。

记载中张衡制造了放置于殿上的水运浑象，以及置于密室中的漏水转浑天仪，有人认为这是同一种仪器，有人认为它们并不相同。最有可能的推断是，水运浑象和漏水转浑天仪的主要结构是相同的，但水运浑象放置于殿上，它最重要的功能是演示，所以演示内容丰富，比如增加了月相的演示；而密室中的漏水转浑天仪，它的主要功能是与灵台观测者合作进行占候，检验观测成果，无须过多的内容演示，但需要较高的制

◆ 水运仪象台中的报时装置，一层负责报告时初、时正，一层负责报告时刻

造精度。

张衡的浑天仪开创了古代水运仪象的先河，形成一直延续到宋代的制造传统。汉唐之间有许多张衡浑天仪式的水运仪象的制造记录，不同的是所记录的水运仪象几乎全都是环形结构。（隋代耿询的浑天仪没有结构说明。）

唐代“水运浑天”的制造，是中国古代的水运天文装置走上高峰的标志。僧一行和梁令瓒在开元十三年（725 年）制造的“开元水运浑天俯视图”，不仅能自动演示天球的周日运动，而且还在天球外置日、月轨道，用以演示日、月在恒星背景上的运动。除此之外，仪器上设有两个报时木人按刻击鼓，按辰敲钟。从整体上看，开元水运浑天俯视图是集天球式浑象演示与天文钟报时功能为一体的天象仪，“俯视图”一名点出了它的观看方式及仪器性质。（“水运浑天俯视图”的命名，似乎暗示着它的球面星图的结构，但通过记载中的“铸铜为圆天之象”并不能确认它的球仪特点。）

宋代制造了两种水运仪象：一是“太平浑仪”，一是著名的仪器“水运仪象台”。张思训所制“太平浑仪”，“并着日月象，皆取仰视”。苏颂在《新仪象法要》中又评论：“思训准开元之法，而上以盖为紫宫，旁为周天度，而正东西转，出其新意也。”这一论述形象地将太平浑仪可旋转的天穹结构进行了描述。总体而言，张思训所制“太平浑仪”为一座兼具报时功能的天文钟式演示仪器，它的天象演示部分是一种类似于“盖天图仪”的穹形天顶结构。

宋代元祐年间的“水运仪象台”的出现，特别是配套手册《新仪象法要》的问世，将中国古代自动天象演示仪器的发展推向了顶峰。“水运仪象台”共有三层结构，顶层安置浑仪，中层装置浑象，底层是动力装置和复杂的报时系统。（《新仪象法要》中关于水运仪象台的介绍非常全面，此处不再一一赘述。)

《宋史》中记载了宣和六年（1124 年），一位王姓方士设计了一台被叫作“玑衡”的水运浑象，同样装有报时系统，并可演示月相变化。

水运仪象始于东汉张衡，北宋“水运仪象台”的制造将这种传统仪器的发展推上顶峰。然盛极而衰，北宋之后，再无关于大型水运仪象的官方制造的记载，这一天文仪器的制造使用传统也戛然而止。

4. 哪些仪器是“假天仪”

在一些研究中，经常有现代学者将古代某件天文演示仪器称作“假天仪”，那么假天仪究竟是何种仪器？又为什么会被叫作“假天仪”呢？假天仪是人能进入到浑天象内部来观察星象的一种仪器。“人在天中”抬头观看的装置为假天仪，那么早期的盖天仪、明堂是不是都可以被看作“假天仪”呢？目前似乎只有三件古代仪器被看作是假天仪，分别是宋代张思训的“太平浑仪”、宋代朱弁笔记中的“苏子容铜浑仪”，以及元代郭守敬制造的“玲珑仪”。

首先要对“假天仪”这一名称进行说明。“假天仪”并非中国古代就有的传统仪器术语，实际上是根据近代天文学家高鲁向国内介绍光学投影式天象仪时所用名称“假天”追认而来。光学天象仪结合机械电力设计，通过投影系统向穹顶上投映星空和天象，创造出一种人在其中仰观天象的演示环境。高鲁所言“假天”指光学天象仪及其所配套的穹形投映天幕，而现代学者所说的“假天仪”则将此定义进行了外延，将人在仪器中仰视观看的巨球式天球仪及类似形制的仪器都追认为“假天仪”。

根据“假天仪”的投影和观看方式，若要追认之前的天文演示仪器，

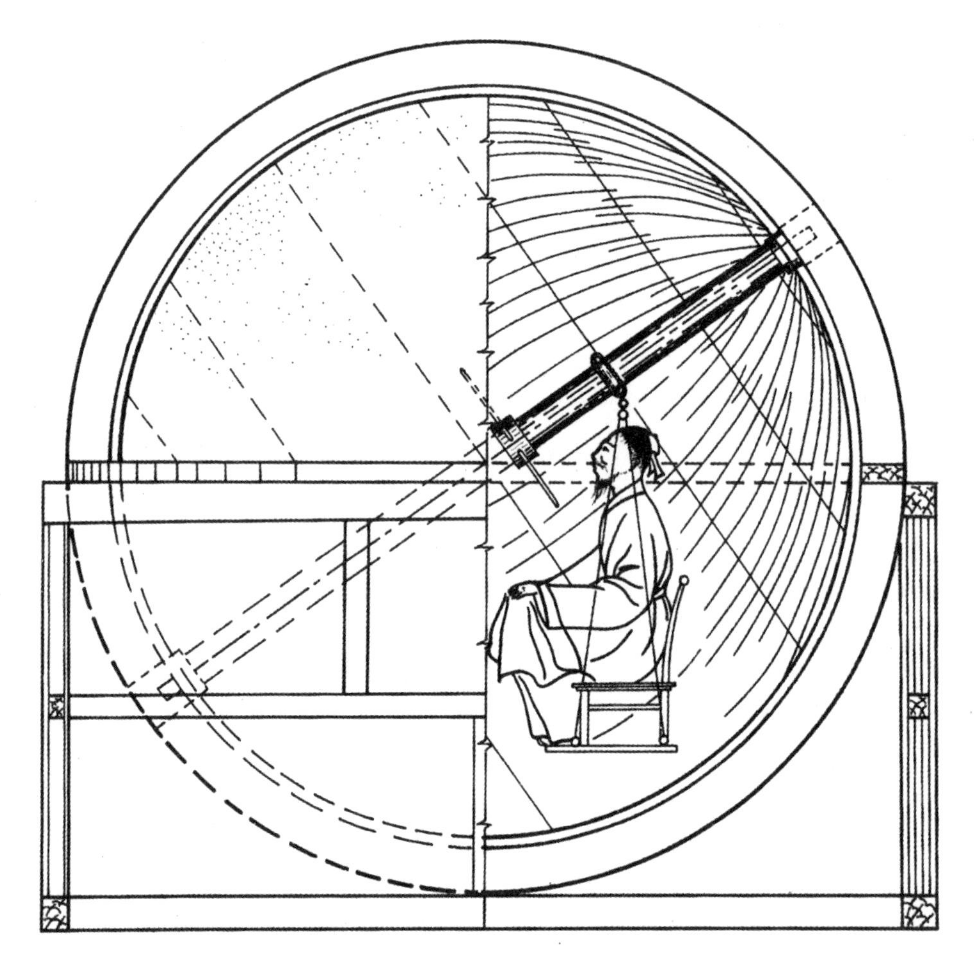

◆ 假天仪结构示意图。人坐于球体内，借用天然光线，形象地观看星空

只仰观一点是不够的。对“真天”的模拟，一是要模拟出“抬头望天”，二是要模拟出“天及天体之运行”。所以如果要将古代的天文演示仪器追认为“假天仪”，需具备两个条件，即模拟出“人在天中”的环境，以及能与“真天”相仿的天象自动运行。

在这样的定义之下，可以自动运转的盖天仪系统，以及宋代张思训的太平浑仪都可以被追认为古代的“假天仪”。同时，关于宋代朱弁《曲洧旧闻》中的“苏子容铜浑仪”，苏颂仅制造了水运仪象台，基本排除再制“假天仪”的可能。

郭守敬的玲珑仪并非浑仪，也与一般意义上的“假天仪”有区别，它的结构以细网格球体为基础，叠套球环等其他部件。网格球体作为坐标系，观察者进入它的内部观看，可演示星体及主要天体的运行。这是郭守敬创制的新型仪器，在设计制作的过程中继承了宋代仰观仪器的理念，并很可能受到了阿拉伯天文仪器的影响。如果能证实玲珑仪是可以自动运转的，就能够将它追认为元代的“假天仪”了。而这需要进一步发掘史料和考古证据，从而继续探讨。

（本章执笔：张楠博士）

◆ 唐代演奏陶俑，演奏俑持有的乐器分别是琵琶和横笛

第 三 章

玉律金声：中国古代音律与曾侯乙编钟

在古代中国，人们对于音乐的重视超出今人的想象。《礼记》中说："礼节民心，乐和民声。"古人重视音乐，是因为他们认为音乐具有教化百姓、引导社会风气的作用。正因为有这样的认识，历代王朝都设置有地位很高的太常机构管理音乐事宜，引导音乐的发展。古人在音乐上的成就与他们对音律学的掌握密不可分。传说中，中国古代的音律学知识来自华夏始祖黄帝，而音律的准确性与天文历法，以及王朝的统治之间有着密切的联系，所以古人十分注重音律标准的制定。

第一节

中国古代音律的基本知识

1. 古代音律是怎么划分的

在中国古代的音律学中，基本的概念有五声、八音、十二律等。

五声，就是宫、商、角、徵、羽，这五声大致相当于现代音乐简谱上的 1（do）、2（re）、3（mi）、5（sol）、6（la）。把它们从宫到羽按照音的高低排列起来，就形成一个五声音阶，宫、商、角、徵、羽就是五声音阶上的五个音级：

宫	商	角	徵	羽
1	2	3	5	6

五声音阶的应用非常广泛，并且表现形式出众，大部分的中国古代名曲都是只用这五个音符来谱写的，如《广陵散》《高山流水》《梅花三弄》等。后来，五声制乐被看作是中国特色。为了表现出中国古风与东方雅韵，许多现当代音乐也采取了“宫、商、角、徵、羽”五声作曲的方式，如著名民歌《茉莉花》，黄霑作曲的《沧海一声笑》，周杰伦的《青花瓷》等。这些音乐的曲谱中没有 4（fa）与 7（si），也没有使用其他的半音音符。

虽然五声赫赫有名，然而这并非意味着中国古代没有七声音阶。事实上，除五声音阶外，古代音乐也有变宫与变徵。据《史记·刺客列传》记载，荆轲等人将要出使秦国，高渐离为他送行，“高渐离击筑，荆轲和而歌，为变徵之声，士皆垂泪涕泣”。变徵之声相当于 #4，古人认为它为悲壮之声。而变宫则相当于现代简谱上的 7（si）[《史记·刺客列传》:“至易水之上，既祖，取道，高渐离击筑，荆轲和而歌，为变徵之声，士皆垂泪涕泣。又前而为歌曰：‘风萧萧兮易水寒，壮士一去兮不复还！’”在中国古代的七声音阶中，变徵为升发（#4），与现在曲谱中普遍的七声音阶不同]，这样就形成了一个七声音阶：

宫	商	角	变徵	徵	羽	变宫
1	2	3	#4	5	6	7

关于中国古代七声音阶的记载最早出现在西汉《淮南子·天文训》中。在《淮南子·天文训》中，变宫被叫作和，变徵被叫作缪。那么五声音阶出现于什么时代呢？学者认为，至少可以追溯到舜的年代，《礼记》中说：“昔者，舜作五弦琴以歌南风。”五弦琴，是指具有宫、商、角、徵、羽 5 个音级的古琴。然而从考古上的成果来看，中国古代音阶的形成时间要比文献中记载的早得多。

◆ 易水送别，清末民初著名画家马骀（1886—1937，别号环中子，又号邛池渔父）绘。古筝曲《易水别》描绘荆轲离燕赴秦，朋友们在易水边为其送行时的情景

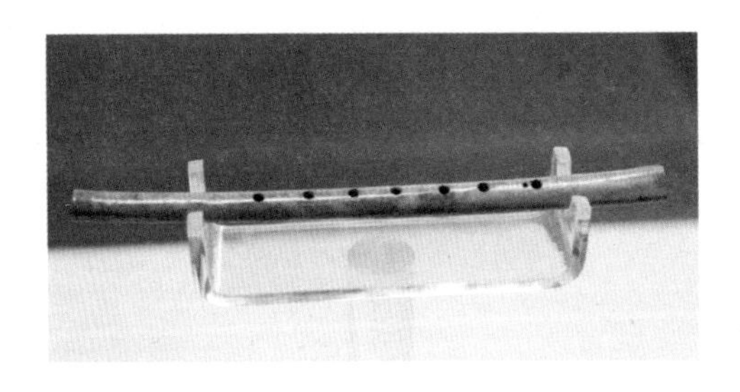

图 1

图 2

图 3

◆ 图 1：新石器时代裴李岗文化早期的骨笛，这支骨笛经测试可吹奏接近七声的音阶，是我国迄今为止发现的最早的且音乐性能最好的管乐器。河南博物院藏

图 2：东汉抚琴陶俑，上海博物馆藏

图 3：清代乾隆年间铜镀金仙鹤时乐钟，江苏南京博物院藏

◆ 山东沂南汉墓乐舞画像石

20 世纪 80 年代中期，考古工作者在河南舞阳贾湖的新时期时代的早期遗址中，发现了一些距今 8000 年的骨笛，这些骨笛多有 7 个按孔。通过对其中一支骨笛各孔的音高及其音阶结构的考察，学者认为，该骨笛至少具有 6 个音阶，甚至可以看作是七声齐备，且带有“二变”——变徵与变宫。这说明，8000 年前中国古代音乐的音阶便已经形成，比人们所想象的时间还要早得多，而且，这还不是简单的五声音阶。

八音，《汉书·律历志》中的解释是：“八音：土曰埙，匏曰笙，皮曰鼓，竹曰管，丝曰弦，石曰磬，金曰钟，木曰柷。”显然，八音的主要制作材质则分别是土、匏、皮、竹、丝、石、金、木。这些乐器在古代音乐中的地位和作用不同，有些乐器流传至今，有些则在历史的长河中逐渐消失。

十二律，顾名思义，数目有 12 个，分别是：黄钟、大吕、太簇、夹钟、姑洗、仲吕、蕤宾、林钟、夷则、南吕、无射和应钟。其中又分为两类，奇数为阳，黄钟、太簇、姑洗、蕤宾、夷则、无射称为六律；偶数为阴，大吕、夹钟、仲吕、林钟、南吕、应钟称为六吕，合称为律吕。

十二律特定的名称代表着固定的音高。我们一般认为，五声相当于现代音乐中的音阶 1（do）、2（re）、3（mi）、5（sol）、6（la），是相对音高。而十二律则相当于现代音乐中的定调，也就是定出一个绝对音高，以之作为音阶的起点。这样，有了固定的律，乐队在演奏时才能保证曲调高低的一致性。譬如说，以黄钟为律，就相当于现代乐曲中的 C 调。十二律与现代音乐音阶的对应关系大致为：

一	二	三	四	五	六	七	八	九	十	十一	十二
黄钟	大吕	太簇	夹钟	姑洗	仲吕	蕤宾	林钟	夷则	南吕	无射	应钟
C	#C	D	#D	E	F	#F	G	#G	A	#A	B

知识拓展

中国最受欢迎的古典名曲有哪些

《高山流水》《梅花三弄》《春江花月夜》《汉宫秋月》《阳春白雪》《渔樵问答》《胡笳十八拍》《广陵散》《平沙落雁》《十面埋伏》均是中国古典名曲代表作，最能传达中华五千年文明的古朴高雅和韵味悠长，千百年来一直深受人们的喜爱。

《高山流水》，传说先秦的琴师伯牙一次在荒山野地弹琴，樵夫钟子期竟能领会曲中高山流水之意。钟子期死后，伯牙痛失知音，摔琴绝弦，终生不操，故有高山流水之曲。

《梅花三弄》，此曲系借物咏怀，通过梅花的洁白、芬芳和耐寒等特征，来赞颂具有高尚情操的人。乐曲前半阕奏出了清幽、舒畅的泛音曲调，表现了梅花高洁、安详的静态；急促的后半阕，描写了梅花不屈的动态。前后两段在音色、曲调和节奏上有着鲜明的对比。同曲中泛音曲调在不同的徽位上重复了三次，所以称为“三弄”。

《春江花月夜》原来是一首琵琶独奏曲，后被改编成民族管弦乐曲。乐曲通过委婉质朴的旋律，流畅多变的节奏，形象地描绘了春江月夜的迷人景色，尽情赞颂了江南水乡的风姿异态。在曲式上，《春江花月夜》用扩展、收缩、局部增减和高低音区的变换等手法展开全曲。它犹如一幅长卷，把多姿多彩的情景联合在一起，通过动与静、远与近、情与景的结合，使整首乐曲富有层次，高潮突出，所表达的诗情画意引人入胜。

《汉宫秋月》有两种较为流行的演奏形式，一为筝曲，一为二胡曲，由刘天华先生所传。本曲意在表现古代受压迫宫女的哀怨、悲愁的情绪，唤起人们对她们不幸遭遇的同情。筝曲演奏运用了吟、滑、按等诸多技巧，风格纯朴古雅；二胡曲则速度缓慢，用弓细腻多变，旋律经常出现短促的休止和顿音，音乐时断时续，加之各种复杂技法的运用，具有很强的艺术感染力。

《阳春白雪》是一首广为流传的优秀琵琶独奏古曲，相传是春秋时期晋国的师旷或齐国的刘涓子所作。它以清新流畅的旋律、活泼轻快的节奏，生动表现了冬去春来，大地复苏、万物向荣、生机勃勃的景象。

《渔樵问答》在历代传谱中有30多种版本，有的还附歌词。乐曲通过渔樵在青山绿水间自得其乐的情趣，表达出对追逐名利者的鄙弃。乐曲采用渔者和樵者对话的方式，以上升的曲调表示问句，下降的曲调表示答句。旋律飘逸潇洒，悠然自得。

《胡笳十八拍》是根据同名古诗谱写的乐曲，歌词最早刊于南宋朱熹的《楚辞后语》，所反映的主题是著名的“文姬归汉”的故事，有《大胡笳》和《小胡笳》两种传谱。“胡笳”是中国北方少数民族的吹奏乐器，它音量宏大，用于军乐以壮声威。十八拍即十八首之意。该曲情绪悲凉激动，感人颇深。

《广陵散》传说原是东汉末年流行于广陵地区的民间乐曲，现仅存古琴曲。全曲充满一种愤慨不屈的浩然之气，现多数琴家按照“聂政刺韩王”的历史故事来解释。魏晋名士嵇康以善弹此曲著称，刑前仍从容不迫，索琴弹奏此曲，并慨然长叹：“《广陵散》于今绝矣！”

《平沙落雁》，作者不详，通过时隐时现的雁鸣，描写雁群降落前在天空盘旋顾盼的情景。对于曲情的理解，有说描写秋天景物的，有说寓鸿鹄之志的，也有说发出世事险恶、不如雁性的感慨的。音乐基调静美，静中有动，旋律起伏，绵延不断，优美动听。

《十面埋伏》是传统琵琶曲之一，乐曲以中国历史上的楚汉相争为题材，描绘公元前202年刘邦和项羽在垓下决战的情景。乐曲尽力刻画得胜之师的威武雄姿，全曲气势恢宏，充斥着金戈铁马的肃杀之声。

2. 音律的发展为什么离不开数学

音律学的发展离不开数学，若想制作一件音高准确、音阶分明的乐器，琴弦的长度或笛孔之间的距离是要经过准确数学计算的。那么古人是怎样计算的呢？我们以五声音阶为例，先秦典籍《管子·地员》篇中记载：

凡将起五音，凡首，先主一而三之，四开以合九九，以是生黄钟小素之首以成宫。三分而益之以一，为百有八，为徵。不无有三分而去其乘，适足，以是生商。有三分而复于其所，以是生羽。有三分去其乘，适足，以是成角。

这就是音律史上著名的三分损益法。它以一条被定为基音的弦的长度为准，将它三等分，然后依次加上一分或减去一分（即乘以 4/3 或乘以 2/3），以定出其他各音阶相应弦长。以数学来表示，《管子》中的五声音阶是这样推算的——

令黄钟宫音弦长为（一而三之，四开以合九九）：

宫音弦长：$1\times3\times3\times3\times3=81$

则徵音弦长：$81\times\frac{4}{3}=108$

商音弦长：$108\times\frac{2}{3}=72$

羽音弦长：$72\times\frac{4}{3}=96$

角音弦长：$96\times\frac{2}{3}=64$

将这 5 个音依照弦长大小排列，则为：

徵　羽　宫　商　角

108　96　81　72　64

那么依此计算出来的结果制成乐器，它与现代简谱的对应关系为：

徵　羽　宫　商　角

5　6　1　2　3

三分损益法，从名称来看非常直观。就是将弦的长度三分，通过加一分或减一分来得到其他的弦长和音高。这种方法的规则简单，且便于掌握，运用它产生的音阶进行演奏，能给人以和谐悦耳的音感，因而这一方法在中国古代音乐实践中得到广泛应用，是音律学史上的一个重要发明。

◆ 元代福州刊本《乐书》插图

同样，三分损益法也可以应用在十二律的计算上。在确定十二律时，古人一般先选定黄钟律，以它的管长或弦长为基准，运用三分损益法计算出其余各律。具体来说，就是以黄钟为准，将黄钟管长三分减一为林钟，林钟管长三分增一为太簇，太簇管长三分减一为南吕，这样依次算下去，最后就可以在管或弦上得出比基音约略高一倍或低一半的音，也就完成了一个音阶中十二律的计算。

◆ 五代时期彩绘散乐浮雕，1995 年河北省曲阳县西燕川村王处直墓出土。散乐图中有人物 15 人。乐伎丰腴圆润，均梳高髻，簪珠花，着长裙，披帛巾，持笛、琵琶、响板、箜篌等乐器。河北博物馆藏

三分损益法虽然方便好用，但是也有缺陷。最重要的缺陷就是，依照三分损益法，当升到第十二律后，不能回到出发的律上，使十二律不能周而复始。（三分损益法不适合旋宫转调。）依据物理学知识，当低音 1（do）升高八度变成高音 1（do）时，频率升高为原来的 2 倍，频率与弦长成反比，那么与高八度 1（do）相应的弦长就应该缩短为基音弦长的一半。但是依据三分损益法得出的结果不是这样。例如，假设基音弦长为 9 尺，根据三分损益法，较之高八度的音的弦长为 4.44 尺，而不是 4.50 尺。也就说明，三分损益法定出的高八度的音，实际上并不是准确的高八度。

◆ 甘肃嘉峪关新城的魏晋墓砖壁画——弹奏乐器

如何弥补三分损益法的缺陷，使十二律可以周而复始，成为历史上律学的一大难题。西汉的京房采用了增加律数的方法加以解决，南北朝时期

◆ 《大清会典图》收录的缅甸弯琴，唐代传入中国，称为“凤首箜篌”，清代则音译为“总稿机”

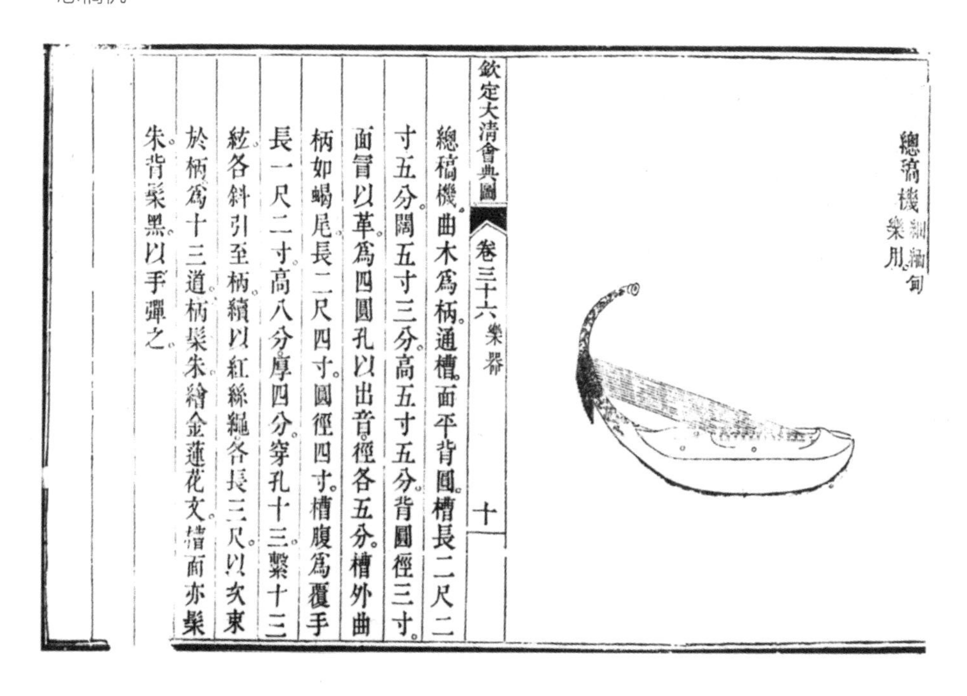

總稿機 緬甸樂用

欽定大清會典圖 卷三十六 樂器 十

總稿機。曲木爲柄。通槽。面平背圓。槽長二尺二寸五分。闊五寸三分。高五寸五分。背圓徑三寸。面冒以革。爲四圓孔以出音。徑各五分。槽外曲柄如蝎尾。長二尺四寸。圓徑四寸。槽腹爲覆手長一尺二寸。高八分。厚四分。穿孔十三。繫十三絃。各斜引至柄。纏以紅絲繩。各長三尺。以玄束於柄。爲十三道。柄髹朱。繪金蓮花文。槽面亦髹朱。背髹黑。以手彈之。

的何承天则欲另辟蹊径，从十二律的内部进行调整，但是他们都没有解决最终的问题，直到明代的朱载堉发明了十二平均律。

3. 千年律学难题是怎么破解的

◆ 朱载堉提出并论证了十二平均律，他的计算方法与现代完全相同

所谓十二平均律，是严格地将八度音程分为 12 个音程相等的半音的音律系统，而实现十二平均律的关键则在于按照等比数列的方式分配各律相应的弦长。由于十二平均律数列的公比是个无理数，所以它的运算要比三分损益法复杂得多。朱载堉发明十二平均律后，并没有得到多少人的响应。清朝康熙、乾隆皇帝都曾反对过这一学说。但这一学说传到国外以后，却引起了很大震动，得到了热情的赞扬。西方学者找到十二平均律，有可能是受到了朱载堉音律理论的影响。在西方，这一律制在理论和实践两方面被人们普遍接受，并由西方传遍世界。在这整个过程当中，朱载堉走在了世界的最前列。

第二节

音律与计量及历法的关系

1. 改革度量衡为什么要征寻通晓音乐的人

在中国古代，音律还有一项非常重要的应用，那就是作为计量方面的基准依据。国家的治理离不开计量标准的制定，秦始皇统一天下后，首先要做的便是统一度量衡。度就是长度单位，量指的是容积单位，而衡则是重量单位。那么音律与度量衡之间有什么联系呢？

司马迁曾经说过："王者制事立法，物度轨则，壹禀于六律。六律为万事根本焉。"此处的六律指音律，也就是说，音律是万事之本，是天子制事立法、设置计量准则的根本依据。古人认为，音律可以作为度量衡的一个共同本原。

《汉书·律历志》上详细地记载了西汉刘歆用乐律作为标准制定度量衡的理论和实践过程。刘歆，西汉人，本为汉室宗亲，却辅佐王莽篡汉，被王莽封为国师。因为中国传统的观念认为天子受命于天，所以政权的更迭往往也裹挟着其他改革一同进行，如国号、年号的改变，钱币的改变，计量标准的改革等。王莽建立新朝，万象更新，刘歆便主持进行了系统考证音律和度量衡的工作。

刘歆做的第一步，是"征天下通音律者百余人"。为何改革度量衡要征寻通晓音乐的人呢？那是因为，在确定计量标准的过程中，最先要确定的便是十二律中黄钟律的标准。音调的高低变化，人耳是可以分辨的，有些熟悉音乐且具有较高水平的人甚至可以分辨出很细微的音调高低变化。在经过多次讨论和调整后，刘歆等人最终确定了黄钟律的标准音高，并将

◆ 汉代竹制十二音律管

能发出黄钟音高的律管的长度定为九寸。为了使计量更加严谨，刘歆等人又四处寻找，最终找到了一种黍米，将这种黍米一个个排列起来，排列到黄钟律管的长度，正好需要九十粒黍米。

也就是说，长度单位基准来自黄钟律管。黄钟律管长九寸，这本身就是一个基准，并且这一基准可以通过某种黍米的参验校正得以实现。具体方法是：选择个头儿适中的这种黍米，一粒黍米的宽度是一分，九十粒排起来，就是九寸，正好是黄钟律管的长度。这种黍米就提供了“分”这个长度单位。分确定了，其他长度单位自然也就可以由之推导出来。

这一方法有其内在的科学道理。因为律管的长度与它所发音高确实相关，一旦管长变化，必然引起音高变化，这是人耳可以感觉到的，从而可以采取相应措施，确保管长的恒定性，这就使得它有资格作为度量衡基准。但另一方面，对同一个笛管而言，它所发出的音高是否是黄钟音律，不同的人又可能有不同的理解，这就带来了标准的不确定性。为此，刘歆采用一种谷子作为中介物质，通过对它的排列，获得长度基准。他采用的是双重基准制：黄钟律管提供的是基本基准，黍米参验提供的是辅助基准。通过“乐律累黍”的方式，长度的标准便确定下来。

黄钟律管不但提供了长度基准，而且还能提供容积基准。具体方法是，按照黄钟律管定出的尺寸基准来制造容器，选择 1200 粒大小适中的黍米放入容器中，如果刚好填平，那么这个容积就被定义为一龠（读 yuè），这就是黄钟之龠。这样的规定非常科学，确保了长度单位和容积单位的统

◆ 东汉吹笛陶俑，上海博物馆藏

一。实际上，有了用长度单位规定的容积单位，用黍米进行参验校正，已经不是必要的举动了。

另外，根据刘歆的理论，黄钟律还能为重量单位提供基准。它的理论依据是：由黄钟律管可以得到长度基准，由长度基准可以定出量器基准，量器基准确定以后，它所容纳的某种物质的重量也就随之确定。因为黄钟之龠恰好能容纳 1200 粒黍米，这 1200 粒黍米的重量就被定作 12 铢。铢便是重量的起始单位，所以，衡器的基准也是来自黄钟律。这就是用黄钟律管来制定度量衡标准的大概过程。

◆ 东汉传世珍品无射律管，以青铜铸制，对于古代乐律学、计量学的研究都有重要价值

用音律做基准来制定度量衡体系是中国古人的一项伟大发明，可以说，这样的计量体系在世界范围内都非常先进。中国人很早便发明了这种先进的方法，而 13 世纪的西欧却使用“国王的脚”来制定长度标准，相比之下就太过原始粗糙了。

2. 音律与季节及气候有对应关系吗

音律不仅与计量息息相关，而且还与时间以及节气相对应。古人认为，十二律代表了天地之气的推移变化，与一年十二个月相对应，它们的对应关系为：

孟春	仲春	季春	孟夏	仲夏	季夏
太簇	夹钟	姑洗	仲吕	蕤宾	林钟
孟秋	仲秋	季秋	孟冬	仲冬	季冬
夷则	南吕	无射	应钟	黄钟	大吕

这样，就使得音律与历法产生了联系。历史上，有一种“吹灰候气”的方法，说的是按“十二律”的固定音高制作十二根律管，在十二根律管里塞入葭莩的灰，只要到了某个月份，相对应的那一根律管中的灰就会自

◆ 北京天坛公园神乐署内的十二律管

动地飞扬出来。杜甫《小至》诗中写道：“天时人事日相催，冬至阳生春又来。刺绣五纹添弱线，吹葭六琯动浮灰。”译成今天的白话文，就是天时人事每天变化得很快，转眼又到冬至了，过了冬至白日渐长，天气日渐回暖，春天即将回来了。刺绣女工因白昼变长而可多绣几根五彩丝线，相应的律管中已飞出了葭灰。诗中最后一句表达的就是这样一层意思。然而，这种方法在南北朝之前就已经失传了，据说，北魏的信都芳曾经成功复现过律管候气的方法，而其中的诀窍就是使用某一地点生长的初生芦苇的极薄的苇膜。地点不对不行，芦苇的膜太厚太重也不行。等到节气临至的时候，相应律管中的苇膜就会从管中飞出，而其余律管中的则纹丝不动。

然而，律管吹灰的传言在现代科学中得不到证明，从古至今许多人欲图试验，再次实现律管候气的古法，却屡屡失败。今天，我们认为，律管候气法或许只是传说，十二律与历法实际上是没有什么关系的。

◆ 清代《御制律吕正义》续篇

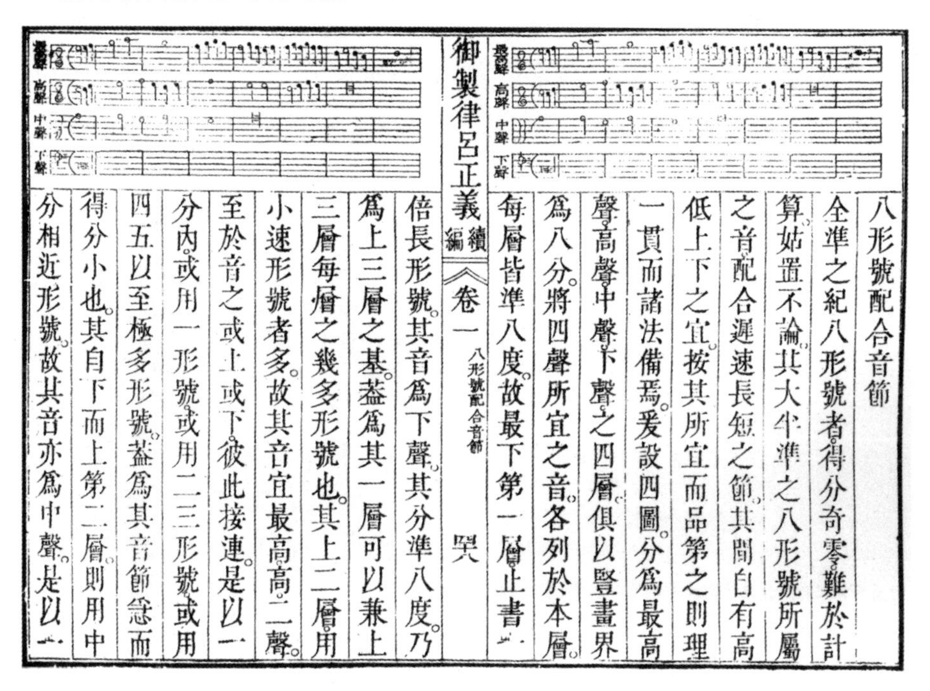

八形號配合音節
全準之紀八形號者得分奇零難於計算姑置不論其大半準之八形號所屬之音配合遲速長短之節其間自有高低上下之宜按其所宜而品第之則理一貫而諸法備焉爰設四圖分為最高聲高聲中聲下聲之四層俱以豎畫界為八分將四聲所宜之音各列於本層每層皆準八度故最下第一層止書一

御製律呂正義續編 卷一 八形號配合音節 四八

倍長形號其音為下聲其分準八度乃為上三層之基蓋為其一層可以兼上三層每層之幾多形號也其上二層用小速形號者多故其音宜最高高二聲至於音之或上或下彼此接連是以一分內或用一形號或用二三形號或用四五以至極多形號蓋為其音節急而得分小也其自下而上第二層則用中分相近形號故其音亦為中聲是以一

◆ 北宋宋徽宗赵佶所绘的《听琴图》局部，北京故宫博物院藏

第三节

曾侯乙编钟为什么被誉为世界科技史上的奇迹

古代乐器有八音的说法，土曰埙，匏曰笙，皮曰鼓，竹曰管，丝曰弦，石曰磬，金曰钟，木曰柷。八音代表了八种古老的乐器，钟镈就是这八种古老乐器之一，它的制作材质是“金”，即金属，青铜。然而就乐器来说，单个钟的艺术表现力十分有限，不适合用来奏乐，古人就将大大小小的钟组合在一起，形成了编钟，使得钟实现了由节奏乐器到旋律乐器的转变。

◆ 夏家店下层文化时期（公元前4000—公元前3500年）的石磬

◆ 战国晚期虎座鸟架鼓（复制品），2002 年湖北枣阳九连墩 2 号楚墓出土。虎座鸟架鼓是楚文化的标志性乐器，湖北省博物馆藏

编钟出现的时间很早。过去，人们认为西周中期开始有了编钟，现在，考古发现告诉我们，西周早期就已有了编钟。2013 年 7 月 4 日，中国的考古人员在湖北随州叶家山西周早期墓地中发现了 1 枚镈钟和 4 枚编钟，这是中国目前所知的最早的编钟，制造于西周早期。这一发现对于研究钟

的起源以及单个钟如何演变成编钟具有重要的学术价值。

从出土编钟的总体情况来看，早期编钟的形式都比较简单，一般一组仅有 3—4 枚。随着青铜铸造技术的进步以及音律学的发展，到了战国时期，编钟技术已经有了很大的提高，其中最著名的是 1978 年在湖北随县战国早期的曾侯乙墓出土的罕见大型编钟，现在称之为曾侯乙编钟。这套编钟的出土，在中国的音乐史与科技史上留下了浓墨重彩的一笔。

◆ 战国早期曾侯乙墓青铜编钟

曾侯乙编钟共 8 组，65 枚钟镈，分 3 层悬挂在钟架上，气势宏伟，钟架全长 10 米左右，以曲尺形排列。最上层的悬钟是钮钟，分为 3 小组，共 19 枚。钮钟最小的重 2.4 千克，最大的重 11.4 千克。中间和下面两层的叫甬钟，共 45 枚，其中最小的重 8.3 千克，最大的重 203.6 千克，外加楚惠王送的一枚镈钟共 65 枚。整套编钟重量达 2567 千克，钮钟和甬钟上都有铭文，铭文中有“曾侯乙作持”字样。其他内容的铭文也都是关于音乐的，例如上面标记的不同音高，如宫、羽等 22 个名称，还铸有律名、调式和高音名称，以及曾国与楚、周、齐、晋的律名和音阶名称的对应关系。

曾侯乙编钟最令人惊讶的是其优越的声学效果。这套编钟的每一枚钟都可以正击和侧击发出两个不同的乐音，也就是“一钟双音”，既可以敲出差三度的两个乐音，互不干扰，也可以同时敲击产生和声。编钟最上层的钮钟起定音作用，中层的甬钟每一组都可以单独奏曲，下层的甬钟声音低沉，在演奏中起烘托气氛与和声的作用。整套编钟音域宽达 5.5 个八度，只比现代钢琴少一个八度，中心音域 12 个半音齐全，是世界上已知最早具有 12 个半音的乐器。根据现代学者的研究、推想，这套编钟演奏时应由三位乐工执丁字形木槌，分别敲击中层三组编钟奏出乐曲的主旋律，另有两名乐工，执大木棒撞击下层的低音甬钟，作为和声。整套编钟音律和谐，音色优美，适合演奏各类乐曲，音响效果令人惊叹。远在 2400 年前的战国初期就已经出现铸造得如此精妙绝伦、音响效果良好的大型编钟群，确实是中国古文化史上的一个奇迹。

要想制造出曾侯乙编钟这样的大型青铜礼乐器，绝非易事。这既需要高超的铸造技艺，也需要对音律知识的精准把握。

就铸造而言，曾侯乙编钟的铸造具有规模大、难度高的特点。据估计，铸造中的用铜量达到 5 吨以上，这对于世界音乐史而言，也是绝无仅有的。曾侯乙编钟的铸造采用了复合陶范法，这是大型青铜器最常用的铸造法之一，这一铸造方法的难度在于需要分范合铸的技艺非常娴熟。分范合铸的意思就是分模块来制作陶范，最后将分别制范的各部位与主体合铸在一起。这种技术的优势在于既能得到具有复杂纹饰的器形，又能保证整体性，且适合乐钟的声学性能要求。曾侯乙编钟正是古人娴熟运用分范合铸方法所取得的杰出成果。

从成分上来说，曾侯乙编钟是青铜合金，主要成分是铜，又加进了一定比例的锡。需要指出的是，金属成分检测结果表明，曾侯乙编钟的成分除铜和锡外，还有少量的铅。在青铜合金中加入铅，不仅可以降低青铜熔点，便于铸造，还可以减弱因加锡而导致的脆性，具有改善音响的效果。然而，如果铅的含量过高，则会损伤音色，使得钟声变得干涩无韵。在曾侯乙编钟的金属成分中，铅的含量既不多也不少，铜、锡、铅三者的含量达到了合理的比例，这表明当时的人们对合金成分与乐器性能的关系已经有了精确的认识，这是曾侯乙编钟具有良好声学效果的根本保证。

任何一件乐器铸造成功后，都不太可能恰好达到它的设计音高，这就需要对它进行调音。《考工记》上记载过对磬的调音规则:“磬氏为磬，已上则磨其旁，已下则磨其端。”意思是通过工具磨，改变磬板的相对厚度来调整它的音高。编钟音高的调整也遵循同样的原则，是通过在钟腔特定部位用粗细砺石逐次锉磨而实现的。对先秦编钟的考察表明，古人对钟的调音规律的认识有一个渐进的过程，钟内的磨痕逐渐减少，部位的选择越来越精确。这说明他们已经越来越能够找到钟的调音的敏感区以及敏感点，从而实现对钟的音调的精细调试。曾侯乙编钟的音调十分准确，这证明古人在钟的调音方面已经达到了精确标准的程度。

延伸阅读

千古绝响——曾侯乙编钟的三次奏响

◆ 北京天坛公园显佑殿内描绘敲击编钟、编磬的壁画

曾侯乙编钟不仅是文化的象征，而且历经千年依然具有乐器的演奏功能。曾侯乙编钟出土后曾奏响过三次。

第一次奏响是在 1978 年 8 月 1 日的建军节，演奏的曲目以《东方红》开篇，接着是古曲《楚殇》、外国名曲《一路平安》、民族歌曲《草原上升起不落的太阳》，最后以《国际歌》落幕。

许多人当场流下了感动的泪水，这是沉寂了 2400 多年的曾侯乙编钟第一次向世界重新发出它那悠远的千古绝响。

第二次奏响是在1984年，为庆祝中华人民共和国成立35周年，湖北博物馆演奏人员被特批随编钟进京。

在北京中南海怀仁堂，他们为各国驻华大使演奏了中国古曲《春江花月夜》、创作曲目《楚殇》以及《欢乐颂》等中外名曲。

第三次奏响是1997年7月1日，著名音乐人谭盾为庆祝香港回归创作大型交响乐《交响曲1997：天·地·人》时，经国家特批，再次敲响了编钟，雄浑深沉的乐声激荡人心，震撼寰宇。

曾侯乙编钟是世界科技史上的奇迹，是古代中国匠师以执简驭繁、寓巧于拙的高超技艺熔铸的音乐金字塔，代表了目前所知古代青铜礼乐器的最高水准。

著名考古学家邹衡先生曾说："什么能够代表中国？在我看来无外乎两者，一是秦始皇兵马俑，二是曾侯乙编钟。"物换星移，时光流逝，先辈们的业绩永存世间。

（本章执笔：李月白博士）

第四章

充满谜团的中国古代炼丹术

炼丹术，顾名思义，就是炼制仙丹、追求长生之术。炼丹术最早起源于中国，萌芽于战国而发生于秦汉，后在道教的扶持和朝廷的包容下日益发展，至唐代发展至顶峰。炼丹术可以被看作化学的原始形态，它延续了2000多年，积累了丰富的化学知识和实践经验，取得了包括火药、硫酸、冶锌、湿法炼铜等在内的许多重要科学技术成果。

炼丹术是中国特有的产物，是特定的思想文化、发达的技术手段和统治阶级的畸形社会需要三大因素相互碰撞的结果，不管怎么说，它已与中国古代的文化深深交融，成为道教思想内容的一部分。有意思的是，炼丹术的主要产品“仙丹”害了许多人的性命，而无心插柳的副产品反而对科学技术的发展做出了贡献。

第一节

炼丹术是怎样诞生的

1. 炼丹最重要的原料是什么

炼丹术的形成是多种社会因素长期作用的综合结果，是中国古人的精神向往、统治者的长生需求、贵族阶级的避世情怀相结合的产物，也是中国古代技术手段发展进步的结果。

早在战国时期，就有一些贵族厌恶战乱，寻求神仙长生之道，四处寻求不死药。起初，他们认为，长生不死药是自然界的精华，是大自然生成的奇异动植物或矿物，所以不辞劳苦进深山、入大海寻药。战国时期的《山海经》就记载了许多这类仙人与“仙药”，如“赤松子，好食松石、天门冬、石脂”；“方回，尧时人也，炼食云母”；“任光，善饵丹砂”等。当时的《神农本草经》也列出了一些自然药品为上品神药，如松脂“久服身轻不老，延年”，茯苓“久服安魂养神，不饥延年”，丹砂“杀精魅，邪恶鬼，

◆ 传说轩辕黄帝在鼎湖峰用鼎炼丹，鼎重达千斤，把峰压成了凹形

久服通神明，不老”，水银“久服轻身不死”等。

到了秦始皇扫六合，一统天下后，这位“天下第一人”对长生不死药的渴求达到了痴迷、疯狂的地步。典籍的记载、神秘的传说，以及方士的信誓旦旦，让秦始皇确信仙人及不死之药的存在，数度派遣方士入海寻找仙人仙药，终归是徒劳而无功。（最有名的是秦始皇派遣方士徐福带领三千童男童女，到海上求取仙药的大规模活动。有人认为这是受到了山东蓬莱海市蜃楼现象的影响。）

渐渐地，贵族们觉得，将希望寄托在仙人赐药上实在太过渺茫，于是开始尝试服用方士炼制的丹药。当时发达的冶炼技术使人们发现了金属以及一些矿物质在炉火中发生的化学反应，进而被这些奇妙的变化所吸引，人们相信可以用冶炼的方法炼制出延年益寿、长生不老的丹药。

当代考古发现表明，在汉代初期王公贵族已有炼服仙丹的行为。1973 年长沙马王堆汉墓出土之后，研究人员对马王堆一号汉墓的古尸进行了化验，发现尸体组织内铅、汞的含量大大超过正常人的水平，为正常人的数十倍乃至数百倍之多。研究者排除了尸体内的高含量铅、汞系由棺液经皮肤渗入的可能性，认为口服“仙丹”之类的药物可能是古尸体内高含量铅汞的主要来源。这表明，至少在汉代初期已经有人服食由铅汞炼制的“仙丹”了。

那么，为什么“仙丹”中会含有重金属呢？

因为古人认为，自然界中的动植物等有机物存活得再长久也终会腐化，所谓“神龟虽寿，犹有竟时”，相比而言，金属、矿物等无机物质存在的时间更为久远。如果能将这

◆ 波斯风格的铜盒，用于存放仙丹，西汉南越王墓出土

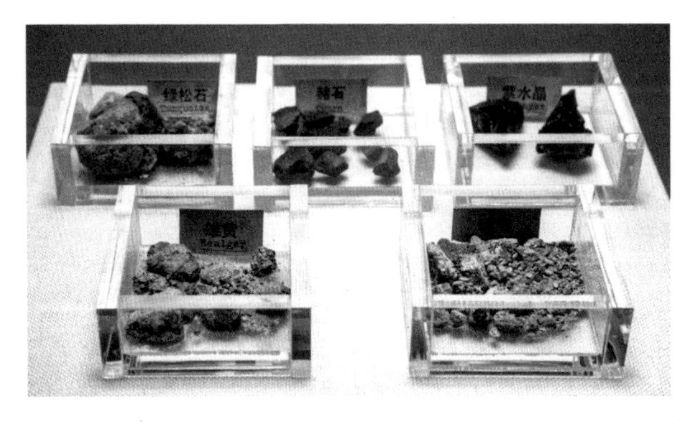

◆ 五色药石，西汉南越王墓出土

些性质通过肠胃吸收而转移到人身上，人便可以坚固不朽，长生不死。

在古人所习的炼丹术中，最重要、最常用的一种原料是丹砂。（丹砂又称辰砂、朱砂、赤丹、汞沙，是硫化汞的天然矿石，大红色。丹砂主要成分为硫化汞，但常夹杂雄黄、磷灰石、沥青质等。）丹砂呈朱红色，主要化学成分为硫化汞（HgS），古人之所以重视丹砂，大概有以下四方面原因。

首先，丹砂的颜色是朱红色的，古人认为，红色是高贵的颜色，是天地血气所化，是生命永恒的标志。

其次，丹砂具有良好的药理作用，古人认为，丹砂是药之上品，具有养精神、安魂魄、益气明目等诸多功效。事实上，丹砂至今仍是中医的常用药物，“丹砂掺入猪心蒸煮，可治心虚遗精”，“含丹砂的配方可以治疗慢性精神疾病”等，依据的就是这样一种药理。

丹砂作为仙药的第三条理由是，丹砂加热后的化学变化非常奇妙。红色的丹砂加热后可分解出白色的水银，即汞。水银有许多突出特性，它银光闪亮，是常态下唯一呈液态的金属，可以直接溶解黄金、白银等许多金属，一旦加热，它直接升华，无影无踪。我们今天熟悉汞的特性，也知道红色的丹砂炼成水银是正常的化学反应，可在古人看来，这却是不可思议的神奇之事。更让古人惊奇的是，白的水银加热氧化后，又变为红色，这种由红变白，又由白转红的特性让人联想到了返老还童，生生不息。所以，丹砂被认为是圣物，代表“道”的返还。

最后，炼丹家还有一条理由，那就是丹砂与黄金的密切关系。早在战国时期，人们就观察到了丹砂与黄金共生的现象。《管子》中载，“上有丹砂，下有黄金”。根据现代地质矿物学经验，这符合丹砂与黄金共生的砂矿床情形，但是这种共生现象却使得古人以为黄金是由丹砂变成的，故《仙经》说，“丹精生金”。

总之，上述四条理由使丹砂成为“炼丹术”的主要角色，古人认为丹砂能“保命安神”，然而，丹砂以及它的副产品毕竟是汞的化合物，服用过多必然会损伤人体，乃至中毒、死亡。这也是服食金丹的贵族往往会过早死亡的原因。

汉武帝时期，汉朝的国力已经达到了鼎盛，一代雄主汉武帝不禁也和秦始皇一样，做起了长生不老的大梦。《史记》中花了很大篇幅记述汉武帝宠信方士，寻求长生不死药的种种行径，其中便有李少君使用丹砂诸药炼制饮食器的记载。《史记》中记载，李少君对汉武帝说：“祠灶则致物，致物而丹砂可化为黄金。黄金成，以为饮食器则寿。”也就是说，李少君以丹砂为主要材料，欲炼制出一种类似黄金的饮食器具，用此器饮食则可以逐渐将器物中的不朽因素吸入体内，进而长寿变仙。

受皇帝影响，皇室诸侯也大兴炼丹，其中尤以淮南王刘安最为著名。刘安这个人笃好儒道之学，既有财势，又醉心仙逸之事。他供养方士数千人，为炼丹之术写出了20余万字的著作，还身体力行，深深卷入炼丹仙术的活动之中。据《黄帝九鼎神丹经诀》等资料记载，刘安曾得到八位炼丹名家，即所谓“八公”的指点。他们听说淮南王好客，喜神仙方术，便来投靠，自称能煎泥成金，凝汞为银，劝他修学仙道，制作神丹，就可以长生不死了。

魏晋时期，服药之风盛行，当时盛行的丹药名为“五石散”〔“五石散”又称“寒食散”，“五石”为紫石英、白石英、赤石脂、石钟乳、礜（读yù）石。其中礜石中含有砷的化合物，大量服用会引起中毒〕。五石散是用五种矿石炼制而成的药物，它的药性燥热，服后使人全身发热，并产生

◆ 传说刘安炼出了仙丹后，飞身成仙，撒落的仙丹被鸡和狗吃了，这些鸡狗也飘然升空。成语“一人得道，鸡犬升天”就是从此处而来

一种迷惑人心的短期效应。魏晋士人最早服用五石散的是曾经担任过尚书的“正始名士”何宴。据说何宴体弱多病，而服用五石散后体力逐渐转强，何宴自以为此药有奇效，后来名士们都争相效仿，嵇康、王羲之、王弼、裴秀、王述等名流，都特别喜欢服用五石散。

由于五石散药性燥烈，必须以温酒送服，以冷食压后，且服用过后需要走路散发药力，这也就造成了魏晋士人宽袍广袖、狂傲自负的名士作风。鲁迅曾做过一次名为《魏晋风度及文章与药及酒之关系》的演讲，其中描述了服药名士们的痛苦：

何晏有钱，他吃起来了；大家也跟着吃。那时五石散的流毒就同清末的鸦片的流毒差不多，看吃药与否以分阔气与否的。

穷人不能吃，假使吃了之后，一不小心，就会毒死。先吃下去的时候，倒不怎样的，后来药的效验既显，名曰“散发”。倘若没有“散发”，就有弊而无利。因此吃了之后不能休息，非走路不可。

走了之后，全身发烧，发烧之后又发冷。普通发冷宜多穿衣，吃热的东西。但吃药后的发冷刚刚要相反：衣少，冷食，以冷水浇身。倘穿衣多而食热物，那就非死不可。因此五石散也名寒食散。为预防皮肤被衣服擦伤，就非穿宽大的衣服不可。现在有许多人以为晋人轻裘缓带，宽衣，在当时是人们高逸的表现，其实不知他们是吃药的缘故。一班名人都吃药，穿的衣都宽大，于是不吃药的也跟着名人，把衣服宽大起来了！还有，吃药之后，因皮肤易于磨破，穿鞋也不方便，故不穿鞋袜而穿屐。所以我们看晋人的画像或那时的文章，见他衣服宽大，不鞋而屐，以为他一定是很舒服，很飘逸的了，其实他心里都是很苦的。

总之，道教色彩的服散、炼丹与当时的政治、文化纠缠在一起，就形成了魏晋奇特的风气。然而最终人们发现，五石散带来的恶果远大于其好处，许多长期服食者因中毒而丧命，后来唐代孙思邈呼吁世人遇到这种药方，就必须马上将它烧毁，千万不要保留。

2. 仙丹真能使人千年不老吗

到了唐代，李氏皇帝尊老子为始祖，以道教为国教，炼丹术在强势的支撑下达到了鼎盛，各种炼丹理论层出不穷。如果说魏晋时期五石散的流毒是炼丹术显现出的一个恶果，那么唐代的帝王们更为他们推崇的炼丹术付出了沉重的代价。

唐朝皇帝几乎个个都热衷于服丹、炼丹。政权略微安定，唐太宗李世民就招来一批炼丹道士为他合炼长生大药，其中还有天竺方士。唐太宗还命令兵部尚书来监督炼制仙丹，并命人全天下搜集奇药异石，用以炼丹。由于长期服食丹药，唐太宗仅活了 52 岁。唐高宗迷恋仙丹的程度比他的父亲有过之而无不及，继位后，他就下令广征方术道士，一次就召来了炼丹道

◆ 陕西出土的唐代大粒光明砂银盒，“大粒光明砂”就是被炼丹者视为至尊之物的“丹砂”

◆ 左图：陕西出土的唐代银制石榴罐，口部筒形有圆孔，专家推测这是炼丹时使用的简易蒸馏器

◆ 下图：陕西出土的唐代提梁银锅，古代人认为金银器可以提高丹药的稳定性

士 100 多人，两三年内，耗资千万。唐高宗最终因为大量服丹急性中毒暴亡。继唐高宗后，宪宗、穆宗、敬宗、武宗、宣宗均因贪服丹药而丧命。

不仅皇帝如此，当时的王公贵戚、公主嫔妃、文武百官也多热衷于炼丹合药，羽化登仙。昭义军节度使李抱真长年养着炼丹道士，晚年又得炼丹大师孙季长为他合炼九鼎神丹。《旧唐书》记载，李抱真多次向僚属夸耀说，这种仙丹即使是秦始皇、汉武帝也没能得到，只有他有幸遇见。丹成后，他迫不及待地在一个月之内累服丹药 2 万丸，中毒死去。太学士李千服丹身亡，韩愈在为李千撰写的墓志铭中说，他亲眼所见服丹而死的大臣还有“工部尚书归登、殷中御史李虚中、刑部尚书李逊、刑部侍郎李健、工部尚书孟简、东川节度御史大夫卢坦、金吾将军李道古”7 人。

朝野上下的大批文人才子也都加入了炼丹大军。李白曾作诗:“我来逢真人，长跪问宝诀。粲然启玉齿，授以炼药说。铭骨传其语，竦身已电灭。仰望不可及，苍然五情热。吾将营丹砂，永与世人别。”讲的是李白来到太白山，有幸遇到了一位真人，他长时间地跪在真人的面前，恳切地请求授予修仙的宝诀。不笑不语的真人大笑，露出了满口的白牙，授予他如何炼丹药的宝贵口诀。李白刻骨铭心地牢记下真人的秘诀以后，真人就如同闪电一样快速地消失了。一种可望而不可即的心绪油然在李白脑海中荡漾不平，那真是如打翻了调味品柜，酸甜苦辣味味齐全。从现在开始，李白要依照他的宝诀炼仙丹妙药，远离世界，远离人群。

杜甫虽仕途不得志，生活比较贫寒，但也有炼丹的愿望，却因资费不菲，终成遗憾。他晚年叹道“苦乏大药资，山林迹如扫”，意思是他感到

◆ 唐末五代，出现了两位内丹大家——钟离权与吕洞宾，后世常合称他们为“钟吕”

最困难的是缺乏炼金丹的药物，在这深山老林之中，好像用扫帚扫过了一样，连药物的痕迹都没有。白居易晚年作《思旧》一诗，追忆了韩愈、元稹、杜元颖、崔玄亮几位文友炼丹、服丹的命运，他们都是还没到中年就或重病缠身，或暴病而亡。

盛唐及前后三百年，炼丹盛行，服丹大检验，结果死伤无数，败者万千，充分暴露了炼丹术的荒诞性与危害性。大量恶果面前，人们纷纷谴责炼丹术之毒害，巧舌如簧的道士再也无法挽回众叛亲离的败势了。

到了宋朝，皇帝、文武百官都已不敢妄动炼丹、服丹之念。明朝时期，炼丹术有一段“回光返照”，结果明成祖服灵济宫仙方而损体，仁宗吃三洞天灵丹而身亡，宪宗、孝宗、武宗以及世宗皆重蹈覆辙而丧命。于是，炼丹之术更加被众人唾弃，清代中期炼丹已基本消失。

服食仙丹后的惨痛教训使得炼丹术逐渐由“外丹”转变为“内丹”。修炼内丹实质上是一种气功，属于人体科学的范畴，但依然沿用了炼丹术中的术语，据说是为了使它的传承更具有神秘色彩。

◆ 明朝陈洪绶绘《烧丹图》，反映了世宗烧炼丹药导致社会上炼丹求仙风气盛行

炼丹术隐语的使用在道教的经典中十分普遍，有意思的是，中国四大古典名著之一的《西游记》中也可窥见其中的影子。《西游记》的回目中有用金公代指孙悟空，用木母代指猪八戒的情况。例如第八十六回《木母助威征怪物　金公施法灭妖邪》，其中“金公”“木母”正是炼丹术中使用的隐语，金公是铅，木母是汞，而铅和汞正是炼丹术中最具有代表性的阴阳二药。唐代《丹论诀旨心鉴》中指出，铅为阳，为虎；水银为阴，为龙。此二物乃是天地阴阳之象，故圣人采之为大药。除此之外，《西游记》中还存在大量的炼丹术之术语，如婴儿、姹女、刀圭等，可见炼丹术在中国文化中的渗透之深。

◆ 大圣变身进了太上老君的兜率宫，偷吃仙丹。图片出自清代彩绘全本《西游记》

第二节
炼丹术收获了哪些意外成果

中国古代炼丹术的著作很多，但是早期的著述大多已经散失，只留下名字和其中的一些只言片语，目前保存比较完整的早期典籍只有东汉魏伯阳的《周易参同契》(又名《参同契》)和东晋葛洪的《抱朴子·内篇》。到了唐宋，炼丹家虽然更多了，但他们隐姓埋名，独自炼丹，不愿在著述中留下真实姓名，因此很难了解他们的生平事迹。

◆ 东汉魏伯阳著《周易参同契》，书中阐明了炼丹的原理和方法

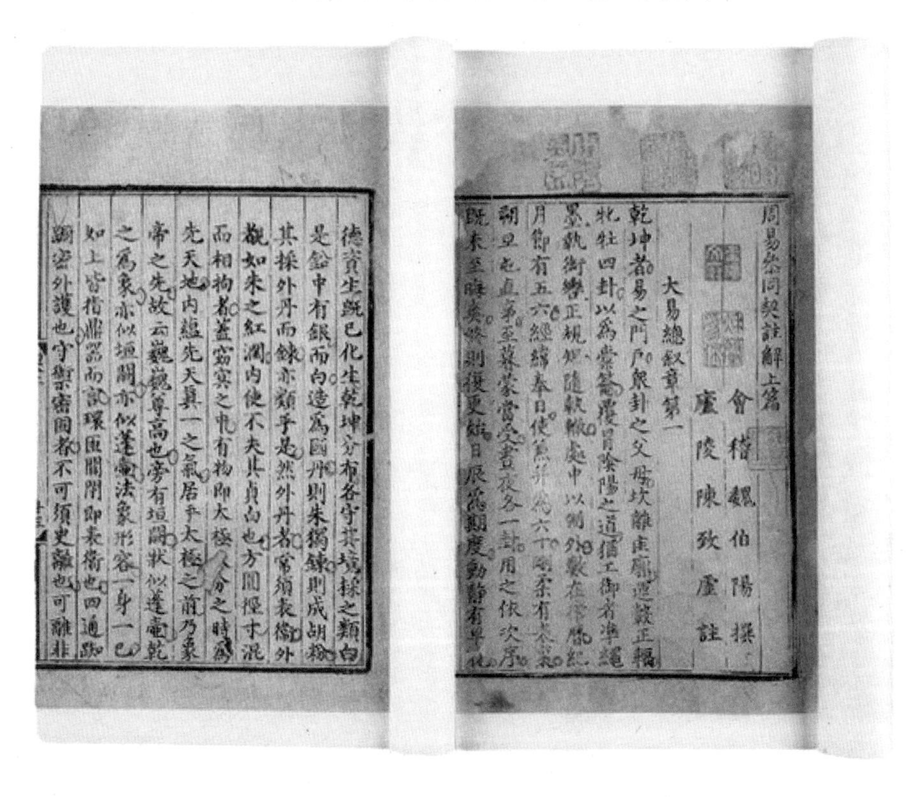

周易參同契註解上篇
會稽魏伯陽撰
廬陵陳致虛註
大易總敘章第一
乾坤者易之門戶衆卦之父母坎離匡廓運轂正軸
牝牡四卦以爲橐籥覆冒陰陽之道猶工御者準繩
墨執銜轡正規矩隨軌轍處中以制外數在律歷紀
月節有五六經緯奉日使兼并爲六十剛柔有表裏
朔旦屯直事至暮蒙當受晝夜各一卦用之依次序
既未至晦爽終則復更始日辰爲期度動靜有早晚

大部分炼丹术典籍可读性很差，书中记述的具体配方和操作方法至今我们难以弄清。这主要是由于以下一些原因。

第一，炼丹术在中国属于最玄奥、最隐秘的学问，一般不会公之于众，王公贵胄欲学习炼丹术都要付出重金。为了保持炼丹知识的神秘性，炼丹典籍中编造了大量的隐名和行话来对应具体药物以及操作术语，如“姹女”“婴儿”等，这些隐名的真实含义只在师徒之间传授，一般人根本读不懂。第二，由于炼丹术师承不同，炼丹家之间也很少有沟通，故而同一隐名在不同的时代、不同的著作中可能代表不同的东西，这就更增加了研究的难度。第三，中国炼丹术典籍的作者有相当一部分文化水平比较低，因此写作的丹经语言比较拙劣，文字错讹也比比皆是，传抄更增加了疏漏和错误。

在传世的炼丹术典籍中，《周易参同契》是世界上现存的最早、最完整的炼丹术著作。《周易参同契》被道教人士奉为“万古丹经王”，清代朱元育评价此书“实为丹经之祖，诸真命脉”。该书成书于东汉末年，作者魏伯阳的具体生平事迹在正史中无记载，据葛洪的《神仙传》中描述，魏伯阳出身高贵，生性喜好道术，不愿意当官，当时的人没有谁知道他来自何处。

在《周易参同契》的书名里，“参”实质上是“三”的意思。何为三？一是周易，二是黄老，三是炼丹。其中

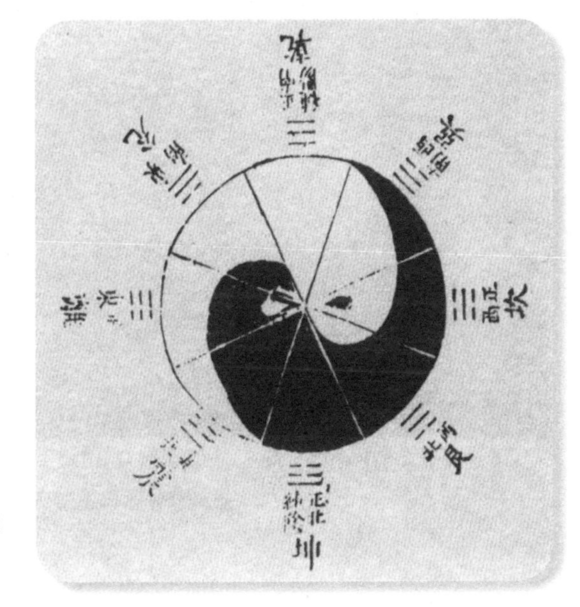

◆ 据考证，太极图始于东汉炼丹家魏伯阳的《周易参同契》

的“黄老”指的是黄帝和老子之术。按《周易参同契》的说法，三者同源，本出一门。《周易参同契》的总体思想就是用《易经》的卦象学说来规范炼丹过程中的火候，用阴阳五行学说来解释和指导炼丹过程中的药物选择和炼制。

《抱朴子·内篇》是炼丹术典籍中的又一代表作。作者葛洪为东晋人，他学识渊博，曾拜炼丹大师郑隐、鲍静等人为师，先后在江苏马迹山、广

◆ 明代郭诩绘《葛仙吐火图》，传说葛洪有神异功能，能在冬天吐火取暖

东浮罗山等地炼丹。

《抱朴子·内篇》中的“抱朴”源于《老子》中的语句“见素抱朴，少私寡欲”，由此可见炼丹术与道教思想的关系。葛洪极其推崇炼丹术，

◆《雷公炮炙论》和《抱朴子》，旁边是药铲和朱砂碗

认为服食金丹是修仙学道的至高大法。他在著作中写道，曾经遍阅养性长生之书，这些书中无不认为“还丹”和“金液”是最重要的，是修仙的至高境界。如果服此尚不能成仙，则古来就没有仙人了。

虽然葛洪自己也炼丹并长期服食仙丹，但葛洪活了 80 岁，这在古人中显然可以算是长寿了。为什么服食和炼制丹药没有影响葛洪的身体健康呢？这当中的原因我们难以得知。或许是因为葛洪不仅是炼丹家，同时也是医生，通晓中医治病之学与养生之道。葛洪的著作《肘后备急方》是古代著名的中医临床急救著作。

炼丹术的核心理论取自神仙说和道家学说，同时以传统的周易八卦、阴阳五行和天人感应学说相辅助，构成了它特有的理论体系。炼丹术的主要理论有“假求外物以自坚固”的神丹观，有阴阳相制、五行相配的合药观，有“仿天地造化”的控时观等。

“假求外物以自坚固”的神丹观，就是挑选自然界中长久存在、不易腐烂的物质来炼药，希望通过食用，让人体能吸收它们坚固抗腐蚀的特性，进而达到使肉身不老不死、禁御病害的境界。

譬如，魏伯阳的《周易参同契》中建议食用黄金，因为“金性不败朽，故为万物宝，术士服食之，寿命得长久”。草木这些东西一埋便腐，一煮即烂，一烧就焦，草木自己都不能长生，又怎能赋予人长生不死的特性呢？这种将金石等坚固之物与人体的生理机能相比，认为物性可以转移的观点，是一种朴素的自然观。

阴阳相制、五行相配的合药观，就是在炼制大丹药时要力求使阴阳、五行各元素相配，才能达到和谐、圆满的药力。这一理论虽然主要是自然

◆ 葛洪炼制的丹药和炼丹用的原料：矾石、硝石、雄黄、磁石、雌黄、云母和锡

神秘主义，但也有些科学道理，与中药药方“君臣佐使”的配药理念有共通之处。

通过多种药物的配合炼制，或许可以减少丹药中的某些有毒成分带来的危害。《太清石壁记》就论证了铅、汞有毒，须配合使用，并佐以黄白、醋、硇（读 náo）砂等物才能炼制服用，否则“俗人不解”，“服即杀人”。

“仿天地造化”的控时观，是说炼丹的丹房、丹鼎要仿天地造化而建造。以鼎象征天地人三才，上为天，开九窍，象征九星；中为人，开十二门，象征十二时辰；下为地，开八大，象征八风。这样，“一鼎可藏龙与虎，方知宇宙在其中”，在这人造的炉鼎小宇宙里，造化的时间便可以由人来掌控，一日的运炼可以代替一年的造化。

炼丹术在中国古代延续了 2000 多年，大量的人因痴迷于丹药而中毒丧命。然而，炼丹术也并非毫无正面意义。

首先，炼丹术的发展促进了人们对多种无机矿物的药性的了解，客观上扩展了传统中医药物的范围。

其次，炼丹术士在丹房里的大量实验积累了许多科学经验与化学知识，如 1500 多年前陶弘景记载了通过火焰的颜色来鉴别硝酸钾的方法，可以看作是发现焰色反应的先驱。

另外，炼丹术的实验丰富和优化了金属冶炼的手段，如早在东晋时期炼丹家葛洪就发现了铜铁置换现象，为湿法炼铜技术的发展打下了基础。最后，中国人通过炼丹实验还发明了火药，从而影响了世界历史的进程。

（本章执笔：李月白博士）

中外科学技术对照大事年表

（远古到 1911 年）

化 学

中　外

公元前 6 世纪

色诺芬尼开启对化石成因的科学认识

2 世纪中叶

魏伯阳撰《周易参同契》，阐述炼制金丹的过程、方法和物质变化的道理

1786 年

德克劳西发明滴定管

1787 年

拉瓦锡等人完成以组成元素为化合物取名的《化学命名法》，至今仍被广泛使用

1799 年

普鲁斯特提出化合物化学组成的定组成定律，是分析化学的基本原理

贝托莱推断产物过量时，化学反应也可沿逆反应方向发生，提出化学反应可达成平衡的思想

1803 年

道尔顿提出近代原子论：一切元素都由微小而不可分割、具有相同原子量的原子构成

1804 年

索叙尔发表《对植物的化学分析》，阐述光合作用的过程

1811 年

阿伏伽德罗提出分子学说和阿伏伽德罗定律：同温同压下，相同体积的不同气体具有相同数目的分子

9 世纪末至 10 世纪中叶

拉齐（Razi）编写医案集《善行录》(13 世纪译成拉丁文）及多种医书

1723 年

施塔尔的《化学基础》出版，提出了系统的燃素说，奠定了近现代化学的基础

1755 年

英国化学家约瑟夫·布莱克发现“固定空气”（二氧化碳）

1775 年

贝格曼的《论选择性吸引》出版，提出亲和力大的物质能把亲和力较小的物质从它们的化合物中置换出来

1781 年

卡文迪许通过实验确认水是氢和氧化合而成的

1813 年

毕奥发现有机物旋光性，提出可能是因为分子结构存在不对称性（现称为手性）

1828 年

维勒发表《论尿素的人工合成》，否定了有机物与无机物之间有不可逾越的界限，开创了有机合成的新研究领域

1840 年

赫斯发现化学反应总热量恒定定律，是热化学领域第一个定律

李比希的《化学在农业及生理学上的应用》出版，对农业革命产生很大影响，为化肥的诞生提供了理论基础

威廉密提出动态平衡概念，是化学动力学定量研究的开始

1850 年

1857 年

凯库勒提出原子价学说

格雷厄姆提出胶体的名称，区别于溶液

1861 年

奥斯特瓦尔德发表《催化过程的本质》，提出现代催化剂概念

1895 年

埃尔利希提出免疫机制的侧链理论，首开“免疫化学”先河

19 世纪 90 年代

1898 年

居里夫妇发现钋和镭，奠定了放射化学的基础

诺贝尔基金会成立

1900 年

1867年

诺贝尔发明的达纳炸药开始工业化生产

1869年

门捷列夫发表《元素属性和原子量关系》，提出元素周期律，可用来预测和系统掌握元素及其化合物的各种性质

1874年

范托夫和勒贝尔深入探索旋光异构现象，分别提出碳正四面体构型学说，奠定了立体化学的基础

1884年

范托夫发表《化学动力学研究》，首次推导出反应速率公式，是化学动力学领域第一本学术著作

1886年

理查兹精确测定元素的原子量